Oliver Berg

Elektrischer Transport durch Nanokontakte von Selten-Erd-Metallen

Experimental Condensed Matter Physics
Band 10

Herausgeber
Physikalisches Institut

Prof. Dr. Hilbert von Löhneysen
Prof. Dr. Alexey Ustinov
Prof. Dr. Georg Weiß
Prof. Dr. Wulf Wulfhekel

Eine Übersicht über alle bisher in dieser Schriftenreihe erschienenen Bände finden Sie am Ende des Buchs.

Elektrischer Transport durch Nanokontakte von Selten-Erd-Metallen

von
Oliver Berg

Dissertation, Karlsruher Institut für Technologie (KIT)
Fakultät für Physik
Tag der mündlichen Prüfung: 07. Februar 2014
Referenten: Prof. Dr. H. v. Löhneysen, Prof. Dr. G. Weiß

Impressum

Karlsruher Institut für Technologie (KIT)
KIT Scientific Publishing
Straße am Forum 2
D-76131 Karlsruhe

KIT Scientific Publishing is a registered trademark of Karlsruhe
Institute of Technology. Reprint using the book cover is not allowed.

www.ksp.kit.edu

Print on Demand 2014

ISSN 2191-9925
ISBN 978-3-7315-0209-8
DOI 10.5445/KSP/1000040632

Elektrischer Transport durch Nanokontakte von Selten-Erd-Metallen

Zur Erlangung des akademischen Grades eines
DOKTORS DER NATURWISSENSCHAFTEN
von der Fakultät für Physik
des Karlsruher Instituts für Technologie (KIT)

genehmigte

DISSERTATION

von

Dipl.-Phys. Oliver Berg
aus Mutlangen

Tag der mündlichen Prüfung : 7. Februar 2014

Referent : Prof. Dr. H. v. Löhneysen
Korreferent : Prof. Dr. G. Weiß

Inhaltsverzeichnis

INHALTSVERZEICHNIS

Abbildungsverzeichnis

Kapitel 1

Einleitung

Seit den Arbeiten von Rolf Landauer war bekannt [1], dass es fundamentale Unterschiede gibt zwischen elektrischem Transport durch einen makroskopischen Leiter und durch einen Kontakt mit Abmessungen auf atomarer Skala, einen sogenannten Punktkontakt. Während der elektrische Gleichstromleitwert G in einem makroskopischen Leiter an jedem Punkt durch den jeweiligen lokalen spezifischen Widerstand bestimmt wird, findet man in Proben, deren Abmessungen kleiner als die Phasenkohärenzlänge der Elektronen sind, nicht-lokales Verhalten. Verkleinert man den Kontaktdurchmesser auf die Größenordnung der Fermi-Wellenlänge λ_F, die in Metallen typischerweise einige Å beträgt [2], so können in einem Nanokontakt nur bestimmte Moden propagieren, ähnlich wie elektromagnetische Moden in einem Wellenleiter. Dies führt zur Quantisierung des Leitwerts [3]. In solchen Kontakten gilt dann nicht mehr das Ohmsche Gesetz, und der Leitwert ist nicht mehr durch $G = A/\rho l$ gegeben, wobei ρ der spezifische Widerstand des Materials ist.

Diese Quanteneigenschaften im elektronischen Transport konnten 1988 von van Wees *et al.* und Wharam *et al.* erstmals in GaAs-AlGaAs-Halbleiter-Heterostrukturen beobachtet werden [4, 5]. Mit der zwischen den aufgedampften Goldelektroden und dem GaAs-Substrat angelegten Gatespannung lässt sich das zweidimensionale Elektronengas (2DEG) in der AlGaAs-Schicht so verändern, dass es ab einem gewissen Wert aufgrund des Feldeffekts unterhalb der Elektroden verarmt und somit nur noch ein enger Kontakt zwischen Source- und Drain-Elektrode übrig bleibt. Das 2DEG hat wegen seiner kleinen Ladungsträgerkonzentration eine große Fermi-Wellenlänge. Durch Streufelder am Rand des Kontakts verringert sich der Querschnitt des Kontakts, bis er mit λ_F vergleichbar ist. In diesem Bereich kann man dann durch Veränderung der Gatespannung Plateaus im Leitwert beobachten, die regelmäßig im Abstand $\Delta G = 2e^2/h$ auftreten.

Zur gleichen Zeit wurde das 1982 vorgestellte Rastertunnelmikroskop (STM = "scanning tunneling microscope" [6]) erstmals zur Erzeugung eines Nanokontakts verwendet [7]. Beim Zusammenführen von Spitze und Probe erhöht sich der gemessene Strom sprunghaft, was den Übergang von Tunnelkontakt zu metallischem Kontakt kennzeichnet. Diese Methode verbreitete sich schnell und zog zahlreiche Untersuchungen an verschiedenen Elementen nach sich [8, 9, 10, 11].

Parallel dazu wurde eine weitere Methode zur Herstellung von Nanokontakten entwickelt, die auf einer Idee von J. Moreland und J. W. Ekin basiert [12]. Dazu wurden Nb-Sn-Drähte auf ein biegsames Substrat geklebt und mit einer Sollbruchstelle markiert. Mittels Biegen des Substrats brach der Draht an der Kerbe auseinander, wodurch ähnlich wie beim Rastertunnelmikroskop kontrollierte Übergänge zwischen Tunnelkontakt und metallischem Kontakt erzeugt werden konnten. Das Verfahren wurde später noch weiter verfeinert [13] und ist heute unter der Bezeichnung "mechanisch kontrollierte Bruchkontakte" (MCBJ = "mechanically controlled break junctions") bekannt. Auch diese Methode wird heute gleichermaßen für die Untersuchung des eindimensionalen Transports verwendet. Mittels Elektronenstrahl-Lithographie lassen sich kleine Nanobrücken der Breite 100 nm strukturieren, die im Bereich weniger µm freitragend sind. Dies sorgt für eine verbesserte Stabilität der Brücken. Der Nanokontakt wird dabei wie bei den "makroskopischen" MCBJ durch Biegen des Substrats erzeugt, wobei die Nanobrücke durchbricht.

Eine weitere Methode zur Herstellung von Nanokontakten ist die Elektromigration, bei der ein Leiter an einer bestimmten Stelle ausgedünnt wird [14]. Dies geschieht dadurch, dass in einem stromdurchflossenen elektrischen Leiter die Atomrümpfe durch das elektrische Feld oder durch den Impulsübertrag der Elektronen in eine Richtung diffundieren. An der entstehenden Inhomogenität kann der Leiter durchbrennen, wodurch ein Nanokontakt, also ein sehr enger Übergang entsteht. Dabei sinkt der Leitwert erst kontinuierlich und zeigt dann Sprünge der Größenordnung $\Delta G = 2e^2/h$. Die dabei entstehenden Nanokontakte sind sehr stabil, was eine wichtige Voraussetzung dafür ist, den elektrischen Transport durch einzelne Moleküle zu untersuchen, wenn diese kontrolliert zwischen beide Kontakte gebracht werden können [15, 16, 17, 18]. Der Prozess der Elektromigration ist natürlich nicht reversibel, d.h. ein Umpolen der angelegten Spannung füllt die ausgedünnte Stelle nicht wieder auf.

Sowohl an STM-Nanokontakten als auch an Bruchkontakten wurden seither zahlreiche Untersuchungen durchgeführt. Jedoch beschränkten sich die Messungen bisher auf Elemente mit teilweise gefüllten s- (K, Cu, Zn, Au), p- (Al) oder d-Bändern (Fe, Co, Ni, Pt). Sowohl experimentelle als auch theoretische Arbeiten an Elementen mit besetzten $4f$-Orbitalen in der Valenzschale, den *Seltenen Erden*, wurden bislang kaum erstellt. Erste Messungen wurden 2011 von Müller *et al.* an Dysprosium durchgeführt, wobei dort das Hauptaugenmerk auf die magnetostriktiven Eigenschaften von Dy gelegt wurde [19]. Aufgrund des sehr großen Magnetostriktionskoeffizienten λ von Dy-Polykristallen mit

$$\lambda = \frac{\Delta L}{L} = \frac{L(M_s) - L(0)}{L(0)} \approx 10^{-3} \qquad (1.1)$$

wobei $L(M_s)$ und $L(0)$ die Probenlänge bei der Sättigungsmagnetisierung M_s bzw. im entmagnetisierten Zustand ist, konnten Nanokontakte durch ein variables, äußeres Magnetfeld geschaltet werden, wobei durch die Anisotropie der Magnetostriktion das Schaltverhalten auch von der Orientierung der Magnetfeldrichtung bezüglich der Drahtachse abhängt. Weiterhin zeigte sich, dass sich die Kontaktform bei Kaltverformung im Magnetfeld aufgrund der Magnetostriktion ändert [20]. Die Seltenen Erden sind wegen ihrer magnetischen und elektronischen Eigenschaften interessant. Die $4f$-Orbitale sind in der Regel sehr stark lokalisiert im Vergleich zu den Ladungsträgern im Leitungsband. Deshalb wird der Magnetismus hauptsächlich von den $4f$-Zuständen bestimmt. Wegen der ansteigenden Besetzung der $4f$-Schale von Cer ($4f^1$) bis Lutetium ($4f^{14}$) nimmt die Abschirmung des Kernpotentials zu, weshalb Cer als erstes Element in der Reihe der Lanthaniden das am stärksten delokalisierte $4f$-Orbital besitzt. Dadurch ist der energetische Abstand zwischen dem $4f$-Niveau und dem Leitungsband hier am geringsten [21].

Die hier vorgelegte Arbeit widmet sich der Untersuchung von mechanisch kontrollierten Bruchkontakten mit Elementen aus der Reihe der Seltenen Erden, die von einem metallischen Kontakt zu einem Tunnelkontakt übergehen können. Zur Untersuchung wurden drei Elemente ausgewählt: Cer (Ce) steht am Anfang der Lanthaniden und besitzt ein $4f$-Elektron; mit sieben $4f$-Elektronen ist in Gadolinium (Gd) aufgrund der halb gefüllten Schale der Bahndrehimpuls $L = 0$, der Spin ist dafür maximal [22]. Des Weiteren wurde das früher bereits untersuchte Dysprosium (Dy) ausgewählt [19, 20], da es mit neun $4f$-Elektronen einen recht starken Bahndrehimpuls besitzt. Sowohl Gadolinium als auch Dysprosium sind bei tiefen Temperaturen ferromagnetisch [23], wohingegen bei den untersuchten Cer-Proben die magnetische Struktur nicht genau bekannt ist. Hier bildet sich eine Mischphase aus nicht-magnetischen fcc-Bereichen und magnetischen dhcp-Bereichen aus. Des Weiteren wurden Referenzmessungen an Yttrium (Y) durchgeführt, das auch bei tiefen Temperaturen unmagnetisch ist. Somit lässt sich ein möglicher Einfluss von magnetischer Ordnung auf das Verhalten des Leitwerts von Nanokontakten analysieren.

Die Arbeit ist wie folgt gegliedert: Kapitel 2 gibt eine kurze Einführung in die theoretische Behandlung eines Nanokontakts, der durch einen eindimensionalen Leiter approximiert werden kann. In Kapitel 3 werden sowohl der verwendete Messaufbau und das Messprinzip als auch die Probenherstellung mit Charakterisierungsmessungen vorgestellt. Die Transportmessungen durch die hergestellten Nanokontakte sind Thema von Kapitel 4. Die Messungen an den verschiedenen Elementen sind in einzelne Unterkapitel aufgegliedert. In Kapitel 5 folgt ein Vergleich der Messergebnisse, wobei sowohl Gemeinsamkeiten als auch Unterschiede zwischen den Elementen verdeutlicht und erklärt werden sollen. Die Arbeit schließt in Kapitel 6 mit einer Zusammenfassung der Messergebnisse und Analysen.

Kapitel 2

Grundlagen

2.1 Theorie des eindimensionalen Transports: Metallische Kontakte

Der elektrische Transport in makroskopischen Leitern, z.B. in stromführenden Kabeln, ist durch das Ohmsche Gesetz $I = G \cdot U$ gegeben. Der Leitwert G wird durch die Leitfähigkeit σ und die Abmessungen des Leiters (Querschnittsfläche A und Länge l) bestimmt:

$$G = \sigma \frac{A}{l} \tag{2.1}$$

Reduziert man die Abmessungen um mehrere Größenordnungen, verliert diese Beziehung ihre Gültigkeit, sobald die Dimension des Leiters vergleichbar wird mit der mittleren freien Weglänge λ. In solchen, sogenannten mesoskopischen Systemen spielt somit die Phasenkohärenz eine wichtige Rolle. In einem einfachen Modell wird ein atomarer Kontakt durch einen eindimensionalen Leiter approximiert, bei dem sowohl λ als auch die Phasenkohärenzlänge L_ϕ größer als die Länge l des Kontakts sind. Dieses Modell für einen Kontakt im ballistischen Regime wurde erstmals von Yu. V. Sharvin vorgeschlagen [24]. Dabei werden Streuzentren im Kontaktbereich vernachlässigt (siehe Abbildung 2.1).

Abbildung 2.1: Eindimensionaler Transport im ballistischen Regime: Beim Durchqueren des Kontaktbereichs finden keine Streuvorgänge statt.

Der Transport durch einen perfekten Leiter mit einer Mode (Transmission $T = 1$) wird im Modell freier und unabhängiger, d.h. nicht miteinander wechselwirkender Elektronen durch

$$I = \frac{e}{L} \sum_{k\sigma} v_k (f_L(E_k) - f_R(E_k)) \tag{2.2}$$

beschrieben, wobei über alle Impulszustände mit der Geschwindigkeit v_k und Spinzustände σ summiert wird [3]. f_L und f_R bezeichnen die Fermi-Verteilungen der beiden Teilchenreservoire. Mit der eindimensionalen Zustandsdichte $D^{1d}(E) \sim 1/\sqrt{E}$ ergibt dies

$$I = \frac{2e}{h} \int dE (f_L(E) - f_R(E)) \tag{2.3}$$

unter Berücksichtigung des Faktors 2 für die Spinentartung. Bei tiefen Temperaturen $k_B T \ll E_F$ lässt sich die Fermi-Verteilung näherungsweise durch eine Stufenfunktion beschrieben, sodass bei angelegter Spannung U wegen der gegenseitigen Verschiebung der Fermi-Funktionen um eU das Integral nur im Bereich $E_F - eU/2 \leq E \leq E_F + eU/2$ von 0 verschieden ist. Damit ergibt sich für einen perfekten Leiter

$$I = \frac{2e}{h} \left[\frac{eU}{2} - \left(-\frac{eU}{2} \right) \right] = \frac{2e^2}{h} U \tag{2.4}$$

Damit ist der Leitwert $G = I/U$ in Einheiten des Leitwertquants $G_0 = 2e^2/h$ quantisiert. In der Realität werden die einfallenden Wellen am Kontakt jedoch gestreut. Diese Prozesse werden durch die Streumatrix

$$\hat{S} = \begin{pmatrix} \hat{s}_{11} & \hat{s}_{12} \\ \hat{s}_{21} & \hat{s}_{22} \end{pmatrix} \equiv \begin{pmatrix} \hat{r} & \hat{t}' \\ \hat{t} & \hat{r}' \end{pmatrix}$$

beschrieben, wobei die Rückstreuung von Mode m in Mode n durch die Matrixelemente r_{mn} bzw. r'_{mn} und die Transmission entsprechend durch t_{mn} bzw. t'_{mn} gegeben ist [3]. Die gesamte Transmissionswahrscheinlichkeit ist damit

$T_{12} = T_{21} = \mathrm{Sp}(\hat{t}^{\dagger}\hat{t})$. Die Eigenvektoren von $\hat{r}^{\dagger}\hat{r}$ und $\hat{t}^{\dagger}\hat{t}$ beschreiben die Transportkanäle, mit denen man den Transport durch den Leiter charakterisiert. Die zugehörigen Eigenwerte τ_i sind die Transmissionskoeffizienten für jede Mode i. Dabei werden die Kanäle als ein Ensemble nicht-gekoppelter Kanäle behandelt, wobei für alle $0 \leq \tau_i \leq 1$ gilt. Durch Summation über alle Kanäle bekommt man den Leitwert

$$G = \frac{2e^2}{h} \sum_{i=1}^{N} \tau_i \tag{2.5}$$

Mit

$$G_0 = \frac{2e^2}{h} = \frac{1}{12906\,\Omega} \tag{2.6}$$

bezeichnet man das Leitwertquant, das ein Maß für die Änderung des Leitwerts im quantifizierten Bereich ist. Das Leitwertquant trat erstmalig bei der Messung des Quantenhalleffekts auf [25]. Dort wurden Plateaus im Querwiderstand R_{xy} beobachtet, deren reziproken Werte Vielfachen des Leitwertquants entsprachen. Die Genauigkeit dieser Widerstandsmessungen liegt heute bei 10^{-9}. Deshalb wird dies u.a. als Eichnormal für Widerstände verwendet. Die verschiedenen τ_i lassen sich durch Messungen an Bruchkontakten mit supraleitenden Elektroden und Ausnutzung von multipler Andreev-Reflexion ermitteln [26].

2.2 Kontakte im Tunnelbereich

Ebenso wie ein STM bietet die Methode der Bruchkontakte die Möglichkeit, einen Kontakt annähernd reversibel von einem metallischen (geschlossenen) zu einem Tunnelkontakt (geöffneter Kontakt) zu schalten, wohingegen andere Prozesse wie z.B. die Elektromigration irreversibel sind.

Zur quantitativen Beschreibung eines Tunnelkontakts ist es wichtig, neben der angelegten Spannung und dem gemessenen Strom auch den Abstand zwischen den beiden Elektroden (bzw. im Falle des Rastertunnelmikroskops den Abstand zwischen Spitze und Probe) zu kennen. Für das STM basieren erste Berechnungen auf der Arbeit von Tersoff und Hamann [27]. Dabei wurde ein Modell von Bardeen [28] unter vereinfachenden Annahmen (einer einatomigen Spitze mit s-Wellencharakter) weiterentwickelt.
Für STM und MCBJ ergibt sich näherungsweise eine exponentielle Abhängigkeit des Tunnelstroms I_T vom Abstand Δx der Elektroden:

$$I_T = G \cdot V \sim \exp\left(-\frac{\Delta x}{\xi}\right) \tag{2.7}$$

wobei $\xi = \hbar/2\sqrt{2m_e\Phi}$ die charakteristische Tunnellänge genannt wird und m_e die Masse der Elektronen ist. Die Materialabhängigkeit geht in die Austrittsarbeit Φ ein, die zusätzlich von der Umgebung abhängt, wie später in Abschnitt 3.3 genauer beschrieben wird.

Bei den Messungen mit MCBJ wird der Abstand Δx zwischen den Elektroden über die Biegung des Substrats durch den mechanischen Vortrieb eines Stempels in Kombination mit einem Piezoelement gesteuert, der von einer Seite gegen das Substrat drückt. Über die Steuerung dieses Stempels kann man nun Δx und damit die Stärke des Tunnelstroms kontrollieren. Aus dem Verlauf des Tunnelstroms erhält man somit den Zusammenhang zwischen Vorschub des Stempels, d.h. der angelegten Piezospannung U_{Piezo}, und der Abstandsänderung Δx. Diese Umrechnung wird in Abschnitt 3.3 im Detail vorgestellt.

2.3 Mechanisch kontrollierte Bruchkontakte

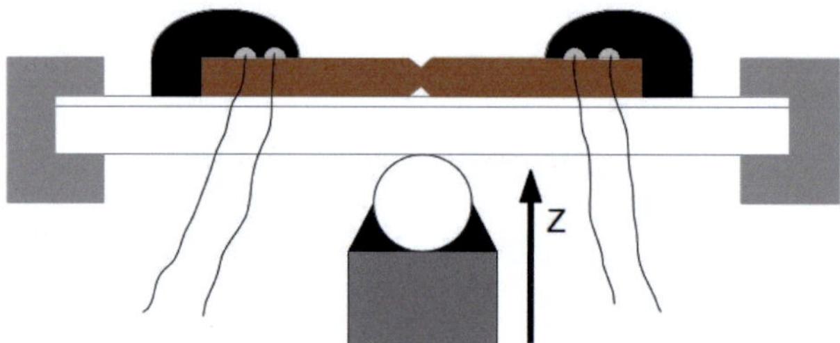

Abbildung 2.2: Schematische Skizze des Messprinzips der mechanisch kontrollierten Bruchkontakte

Zur Herstellung mechanisch kontrollierter Bruchkontakte (MCBJ) wird eine Probe in einen 3-Punkt-Biegemechanismus eingebaut. Das Probensubstrat ist an den Seiten eingespannt und wird in der Mitte durchgebogen, indem man einen Stempel von unten auf der Höhe der Sollbruchstelle gegen das Substrat drückt [29]. In Abbildung 2.2 ist der Aufbau skizziert. Meistens werden die Messungen im Vakuum oder im Heliumbad durchgeführt, da man dadurch beim Brechen der Probe saubere Kontaktflächen bekommt, d.h. man vermeidet Oxidation und Verunreinigungen wie z.B. Adsorbate.

Durch die Steuerung des Stempels ist es möglich, den Kontakt viele Male nacheinander zu öffnen und zu schließen. Dabei ändert sich die Kontaktform, d.h. die Kontaktfläche wird beim Brechen immer kleiner, bis am Ende der Strom nur noch durch wenige Atome fließen kann. Im Idealfall reißen diese Kontakte durch Kaltverformung nach und nach auseinander, bis dann nur noch ein einzelner, atomarer Kontakt übrig bleibt. Die Form einer Bruchkante ist im allgemeinen nicht glatt, sodass nur an einer Stelle wenige Atome etwas vorstehen, die dann für das charakteristische Verhalten des eindimensionalen Transports sorgen, wie in Abbildung 2.3 veranschaulicht ist.

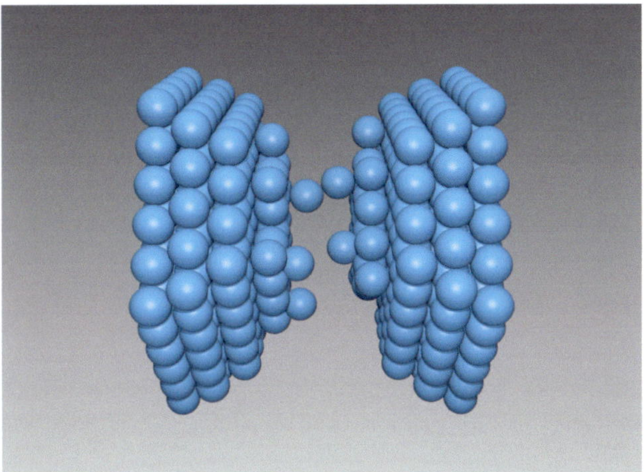

Abbildung 2.3: Veranschaulichung eines idealisierten atomaren Kontakts aus einkristallinen Elektroden

Zusätzlich zur Leitwertmessung in Abhängigkeit des Elektrodenabstands hat man auch die Möglichkeit, spannungsabhängige Transportmessungen bei festem Elektrodenabstand durchzuführen. Sowohl bei einem metallischen Kontakt als auch bei einem Tunnelkontakt kann man mittels $I(U)$-Kennlinien versuchen, elektronische Anregungen im Material zu detektieren. Dazu führt man, ausgehend von einem komplett geöffneten Kontakt, die Elektroden langsam zusammen. Bei genügend kleinem Abstand setzt der exponentielle Anstieg des Tunnelstroms ein. Ist der gewünschte Abstand erreicht, hält man die Position konstant und variiert anschließend die Spannung. Der Verlauf des Tunnelstroms in Abhängigkeit von der Spannung wird durch die Formel für das direkte Tunneln bei kleinen Spannungen beschrieben:

$$I_T \propto U \exp\left(-\frac{2\Delta x\sqrt{2m_e(V_0 - eU)}}{\hbar}\right) \tag{2.8}$$

Darin ist Δx der Abstand und $V_0 - eU$ die bei angelegter Spannung U reduzierte Tunnelbarriere. Für höhere Spannungen müssen Feldemissionseffekte berücksichtigt werden, was zu einem leicht veränderten $I(U)$-Verlauf führt, dem sogenannten Fowler-Nordheim-Tunneln [30].

Diese Kennlinien kann man auch mit einem Rastertunnelmikroskop aufnehmen. Im Tunnelbereich hält man dazu einfach die z-Position der Spitze konstant und variiert die Spannung. Für einen metallischen Kontakt rammt man die Spitze in die Probe hinein und hat dadurch einen um mehrere Größenordnungen kleineren Widerstand [7]. Prinzipiell ermöglicht es der Aufbau eines STM, abwechselnd einen Tunnelkontakt und einen metallischen Kontakt herzustellen, indem man die Spitze immer wieder in die Probe rammt und dann zurückzieht. Jedoch ist das STM eher für laterale Messungen gedacht, z.B. topographische Untersuchungen. Um eine umfangreiche Statistik zu bekommen, werden Messungen oft mehrere tausend Mal wiederholt, wofür die MCBJ am besten geeignet sind. Bei beiden Messmethoden ist die Kontaktkonfiguration nicht bekannt.

Kapitel 3

Experimentelles

In diesem Kapitel werden sowohl die Präparation der verwendeten Proben als auch der experimentelle Messaufbau beschrieben. Außerdem werden die physikalischen Eigenschaften der untersuchten Elemente Gadolinium, Dysprosium und Cer sowie Yttrium dargestellt und die entsprechenden Proben charakterisiert.

3.1 Probenherstellung

3.1.1 Substrate und Belackung

Als Substrat wurde eine Phosphorbronzelegierung gewählt. Diese hat einerseits eine für die Methode der Bruchkontakte geeignete Steifigkeit als auch eine recht gute Wärmeleitfähigkeit, wodurch sichergestellt wird, dass die Proben thermisch gut an das Heliumbad angekoppelt sind. Um elektrischen Kontakt der Probe zum Messaufbau zu vermeiden, wurden die Substrate mit dem nicht-lichtempfindlichen Photolack Durimide 115A von Fujifilm überzogen. Der Lack wurde mit einem Spincoater (Modell DELTA 6RC) von SÜSS MicroTec auf das Substrat geschleudert. Laut Herstellerangaben ergab sich für die gewählten Belackungsparameter (300 U/min für 30 s und 5000 U/min für 60 s) eine Schichtdicke von ca. 2,5 µm.

Ausbackprozess

Nach dem Belacken musste der Lack noch ausgebacken werden, um die notwendige Härte zu bekommen. Dazu wurde ein Ofen (Modell VT 6060 P) von Heraeus verwendet, der luftdicht ist und sowohl evakuiert als auch mit reinem Stickstoffgas geflutet werden kann. Die belackten Substrate wurden in den auf 120 °C vorgeheizten Ofen gebracht. Nach ca. 5 Spülvorgängen mit frischem Stickstoff begann der eigentliche Ausbackprozess. Dazu wurde der Ofen kontinuierlich mit einer Rate von 5 °C/min bis auf 400 °C hochgeheizt. Aufgrund der Druckzunahme des Stickstoffs musste beachtet werden, dass der Ofen beim letzten Spülvorgang nur

bis zu einem Druck von etwa 500 mbar befüllt wurde. Erst beim Erreichen der
Endtemperatur konnte der Druck auf 1 atm erhöht werden. Nach dem Hochheizen
musste die Temperatur für 30 min bei 400 °C stabil gehalten werden, bevor der
Abkühlvorgang bis auf 120 °C begann. Auch dieser wurde mit einer Rate von
5 °C/min durchgeführt. Danach konnten die Substrate mit einer Schlagschere auf
die gewünschte Größe von 10,5 mm x 5,5 mm zugeschnitten werden.

3.1.2 Probenkontaktierung

Die verwendeten Probendrähte hatten einen Querschnitt von 0,3 mm x 0,3 mm.
Dies wurde mit einer Diamantdrahtsäge erreicht, wodurch auch sichergestellt war,
dass die Schnittkanten parallel zueinander waren. Die Länge war je nach Schnittrichtung variabel. Die letztendlich zur Kontaktierung ausgewählten Drähte wurden auf eine Länge von etwa 6 − 8 mm gekürzt, wofür ein Skalpell ausreichend
war, da Cer, Dysprosium, Gadolinium und Yttrium in polykristalliner Form recht
weich sind.

Die Drähte wurden mit dem isolierenden Klebstoff IMI Varnish 7031 auf die belackten Substrate aufgeklebt. Für die elektrische Kontaktierung der Zuleitungen
für die Vierpunktmessung wurden polyamidbeschichtete Kupferdrähte der Dicke
100 µm verwendet, an deren Enden die Isolierung mechanisch mit einem Skalpell
abgekratzt wurde. Die Kupferzuleitungen wurden mit dem Epoxyklebstoff H20E
von Epo-Tek auf die Probe geklebt. Die Kontaktpunkte waren dabei möglichst
weit außen, jedoch sollten sie keinen direkten Kontakt miteinander haben. Der
Epoxyklebstoff wurde dann gemäß den Herstellerangaben bei 120 °C ca. 20 min
lang ausgebacken. Danach waren die Zuleitungsdrähte mechanisch stabil mit dem
Probendraht verbunden.
Für eine stabile Fixierung der Probe auf das Substrat wurden beide Enden
des Drahtes mit einem kleinen Tropfen des Epoxyklebstoffs Stycast 2850 FT von
Emerson & Cumming bedeckt. Dabei war zu beachten, dass die Stycast-Mischung
anfangs sehr flüssig war. Erst nach einer Wartezeit von etwa 3 Stunden wurde
eine ausreichende Zähflüssigkeit erreicht, wodurch sichergestellt wurde, dass die
beiden Klebepunkte nicht ineinander laufen. Für Dysprosium, Gadolinium und
Yttrium wurden die Zuleitungskontakte mit Stycast überdeckt. In Abbildung 3.1
(links) ist beispielhaft eine kontaktierte Gd-Probe dargestellt.

Bei Cer wurde oft beobachtet, dass beim Abkühlen der Probe im Kryostat bei
Temperaturen zwischen 70 − 100 K der elektrische Kontakt verloren ging. Dies
lag vermutlich an dem in Cer beobachteten strukturellen Phasenübergang von
einer hexagonalen (dhcp) zu einer kubisch-flächenzentrierten Struktur (fcc) [23],
der beim Abkühlen bei etwa 120 K beginnt, wie später in Abschnitt 3.4.3 zu sehen
sein wird. Dieser Phasenübergang kann zu mechanischen Spannungen führen,
wodurch der elektrische Kontakt verloren ging. Deshalb war es notwendig, bei der
Kontaktierung von Cer die Stycastklebepunkte von den elektrischen Kontakt-

stellen zu trennen (siehe Abbildung 3.1 rechts). Diese Stycastklebestellen wurden bei 65 °C 2 Stunden lang ausgebacken und erreichten dadurch eine ausreichende Festigkeit, sodass die kontaktierte Probe stabil in den Probenhalter eingebaut werden konnte. Vor dem Einbauen wurde noch mit einem Skalpell eine kleine Kerbe als Sollbruchstelle in die Mitte der Probe geschnitten.

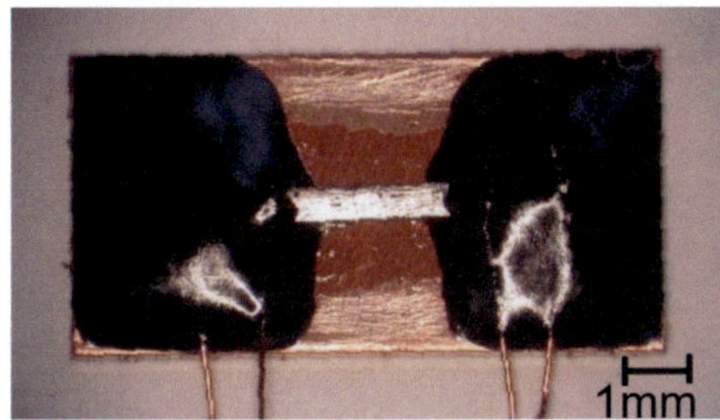

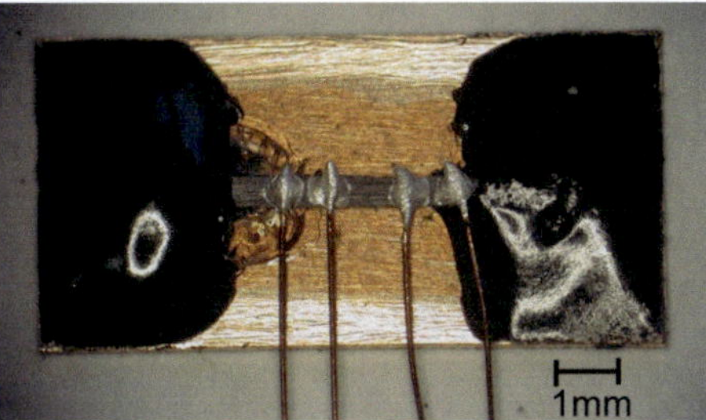

Abbildung 3.1: Verdeutlichung der Probenkontaktierung: Im linken Bild ist eine Gadolinium-Probe dargestellt. Ebenso wie bei Dysprosium oder Yttrium werden die elektrischen Kontaktstellen von den Stycastklebestellen bedeckt. Das rechte Bild zeigt eine Cer-Probe. Hier ist es zwingend notwendig, dass die H20E-Kontaktstellen nicht bedeckt werden.

Charakterisierung der Bruchstelle

Um eine Vorstellung davon zu bekommen, wie die Kontaktflächen einer gebrochenen MCBJ-Probe aussehen, wurden an Cer- bzw. Gadolinium-Proben Bilder mit einem Rasterelektronenmikroskop (ZEISS LEO SUPRA 55VP) erstellt[1]. In Abbildung 3.2 sind die Aufnahmen an Cer dargestellt. Zuerst wurde eine Probe untersucht, die bei Raumtemperatur an Luft gebrochen wurde (3.2a). Es zeigte sich jedoch, dass der Kontakt aufgrund der Duktilität von Cer nicht komplett geöffnet wurde (1). Daraus wurde klar, dass man die Proben zum Brechen erst abkühlen muss. Deshalb wurde eine weitere Probe bei 77 K gebrochen. Abbildung 3.2b zeigt eine Bruchfläche in der Aufsicht. Dies war möglich, weil die beiden Hälften der Probe etwa 200 µm voneinander getrennt waren. Man sieht, dass der obere Bereich relativ glatt ist (2), da hier die Sollbruchstelle mit einem Skalpell eingeritzt wurde. Im unteren Teil wurde die Probe tatsächlich gebrochen. Jedoch sieht man mehrere hervorstehende Bereiche (3 und 4), weswegen man nicht eindeutig sagen kann, an welcher Stelle sich der Kontakt geöffnet hat.

Abbildung 3.3 zeigt entsprechende Aufnahmen an Gadolinium, wobei eine Probe bei Raumtemperatur (a) und eine zweite bei 77 K (b) gebrochen wurde. Man

---

[1] Für die Durchführung der REM-Untersuchungen danke ich Stefan Kühn vom Laboratorium für Elektronenmikroskopie (LEM) am KIT.

erkennt, dass der mit dem Skalpell eingeritzte Teil (5) leicht auseinanderbrach. Jedoch zeigt sich hier die dendritenartige Textur des Gd-Polykristalls (6). Im abgekühlten Zustand ist Gadolinium aber deutlich spröder, weswegen man dadurch eine relativ glatte Bruchfläche erhält (7). Weitere Bilder von Dysprosium-Kontakten sowie eine Beschreibung des verwendeten Biegemechanismus für die REM-Aufnahmen sind in Ref. [31] enthalten.

Abbildung 3.2: REM-Aufnahmen von Ce-Proben, die bei Raumtemperatur (a) bzw. bei 77 K (b) gebrochen wurden

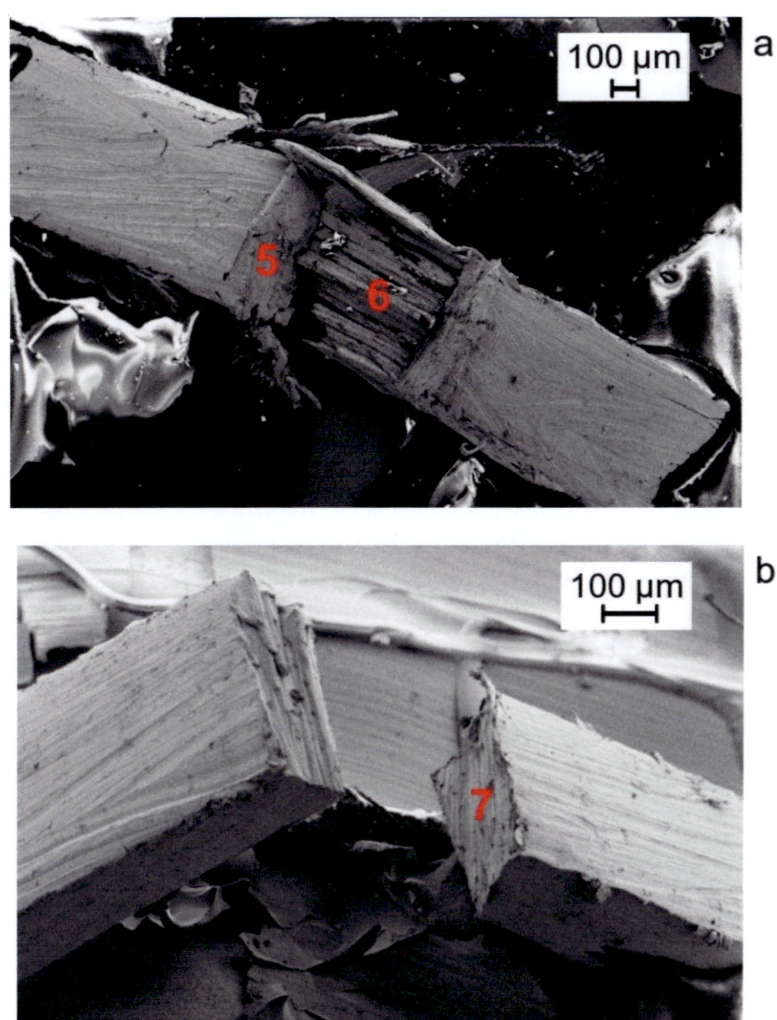

Abbildung 3.3: REM-Aufnahmen von Gd-Proben, die bei Raumtemperatur (a) bzw.
bei 77 K (b) gebrochen wurden

3.2 Messaufbau

Die in dieser Arbeit vorgestellten Bruchkontaktmessungen wurden sämtlich bei
tiefen Temperaturen durchgeführt. Dazu wurde ein Heliumbadkryostat von Cryo-
Vac verwendet. Die Temperatur während den Messungen lag somit konstant bei
4,2 K und wurde über ein Cernox-Thermometer (Modell 1050 SD) von Lake Shore
bestimmt. Dieses ist direkt an den Probenhalter geklebt und hat somit eine gute
thermische Ankopplung.
Der Kryostat war so konzipiert, dass man den Probenstab selbst dann herausneh-
men konnte, wenn der Kryostat abgekühlt war. Um thermische Einflüsse durch
den Probenstab zu minimieren, wurden für die Zuleitungen Manganindrähte
verwendet, die zum einen eine schlechte Wärmeleitfähigkeit, zum anderen aber
einen hohen Zuleitungswiderstand hatten. Für Messungen im Magnetfeld war
ein Helmholtz-Spulenpaar vorhanden, mit dem Magnetfelder bis zu knapp 2 T
einstellbar waren. Für dessen elektrische Versorgung wurde ein Magnetnetzteil
(Modell EA-PS 7016-40A) der Firma EA Elektroautomatik verwendet, das über
eine Datenerfassungskarte (Modell NI PCI-6221 (37-pin)) der Firma National
Instruments gesteuert wurde.

3.2.1 Probenstab

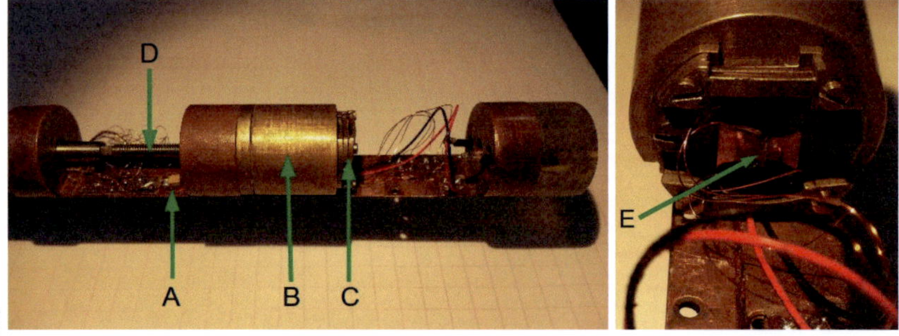

Abbildung 3.4: Im linken Bild ist der verwendete Probenstab mit Thermometer (A),
Messingzylinder mit Führung für Piezo (B), Spangen für Probenhalterung (C) und
Welle (D) abgebildet. Rechts sieht man eine darin eingebaute Probe (E).

Der Probenstab ist ca. 1,40 m lang und hat am oberen Ende Anschlüsse für elektrische Leitungen bzw. für ein mechanisches Getriebe zur Steuerung des Stempels
(vgl. [31]). Der untere Teil des Probenstabs besteht aus Kupfer und ist in Abbildung 3.4 gezeigt. Man erkennt das aufgeklebte Thermometer (A) und einen
aufgeschraubten Zylinder aus Messing (B). Darin befindet sich eine durchgängige
Bohrung, die als Führung für den Stempel dient. Darauf sind zwei Messingspangen (C) befestigt, zwischen denen die kontaktierte Probe (E) eingeschraubt ist.
Der Vortrieb des Stempels wird über ein Innengewinde (Stellgewinde) erreicht.

Der Stempel ist über eine Welle (D) mit einem Planetengetriebe (Modell 22/2 mit einer Übersetzung von 3088:1) der Firma Faulhaber Antriebssysteme verbunden. Das Getriebe wird von einem Gleichstrommotor (Modell 2233T012S mit Encoder 20B22) angetrieben, der von einem Kontrollgerät der Serie MCDC 3006S gesteuert wird. Sowohl der Motor als auch das Steuerungsgerät sind ebenfalls von der Firma Faulhaber.

Der Vortrieb des Motors dient zur Vorjustage und lässt eine genaue und kontrollierte Druckänderung auf das Substrat nicht zu. Daher wurde zwischen der Welle und der Probe ein kleiner Piezo eingeklemmt, der durch das Führungsloch exakt auf die Mitte der Probe zielt. Bei dem Piezo handelt es sich um einen Stapelpiezo (Modell P-882.31) der Firma Physik Instrumente (PI) mit einem Nominalstellweg von bis zu $11\,\mu$m bei maximal $100\,$V, der sich jedoch bei $4{,}2\,$K auf etwa ein Zehntel reduziert.

Auf den Piezo wurde eine kleine Keramikkugel (ZrO_2) geklebt, um den mechanischen Druck präzise an einer Stelle auf das Substrat zu übertragen. Idealerweise wird die Probe so eingeschraubt, dass die Sollbruchstelle genau auf Höhe des Piezos bzw. der Keramikkugel liegt.

Die Motorsteuerung erfolgt über eine serielle Schnittstelle des Messrechners, auf die mit einem selbst programmierten Messprogramm[2] (Labview von National Instruments) zugegriffen wird.

3.2.2 Messgeräte

Für die Messung des an der Probe abfallenden Widerstands wurde der bestehende Aufbau leicht verändert. Bei bisherigen Messungen wurde der Probe ein konstanter Gleichstrom aufgeprägt und die an der Probe abfallende Spannung gemessen [31]. Dies führt allerdings bei geöffnetem Kontakt zu einem sehr großen Spannungsabfall und somit zu sehr großen elektrischen Feldgradienten.

Um dies zu vermeiden, wurde die Stromquelle durch eine Spannungsquelle (Modell 6487 Picoammeter/Voltage Source) der Firma Keithley Instruments ersetzt. Dieses Gerät liefert eine konstante Gleichspannung U_0 und kann gleichzeitig die Stärke des elektrischen Stroms I bestimmen, der durch die Probe fließt. Im verwendeten Spannungsbereich von $\pm 10\,$V liefert die Spannungsquelle eine relative Auflösung bis zu $\Delta U/U = 10^{-5}$, d.h. die minimale Schrittweite beträgt $0{,}2\,$mV. Gleichzeitig erreicht man mit dem typischen Strombereich von bis zu $200\,\mu$A eine Auflösung von $1\,$nA.

Wie bereits beschrieben, sind die Zuleitungen zur Probe hochohmig ($\approx 300\,\Omega$). Dies erfordert zur genauen Bestimmung des Leitwerts eine Vierpunktmessung, d.h. es muss die Spannung gemessen werden, die direkt an der Probe abfällt. Dafür wurde ein Nanovoltmeter (Modell 2182A Nanovoltmeter) ebenfalls von Keithley

---

[2]Weiterentwicklung eines Programms von R. Montbrun

Instruments benutzt. In einem Messbereich von 100 mV kann man die Spannung bis auf etwa 1 μV genau bestimmen.

Die Steuerung des Piezos erfolgte über eine digitale Steuerungseinheit (Modell E 517.00 Digital Operation Module) und einen Hochleistungsverstärker (Modell E 508.00 HVPZT-Amplifier) der Firma Physik Instrumente. Sowohl die verwendeten Geräte von Keithley Instruments als auch die Piezosteuerungseinheit wurden über eine GPIB-Schnittstelle (IEEE-488.2) durch das Messprogramm angesteuert. Die Auslesezeit der GPIB-Schnittstelle liegt bei etwa 50 ms und wird durch die Ansteuerung mehrerer Geräte und interne NPLC-Filter ("number of power line cycles") noch weiter vergrößert, sodass die Zeitdauer zwischen der Erfassung zweier Datenpunkte im Mittel bei etwa 175 ms lag. Die Temperatur wurde von einem Temperatur-Controller (Modell LTC-21) der Firma Neocera gemessen.

3.3 Messprinzip

Bei einer angelegten Gleichspannung von $U_0 = 10\,\text{mV}$ wurde die komplett geschlossene Probe, die typischerweise einen Widerstand von wenigen Ohm hat, von einem Strom I durchflossen. Der Leitwert G ergab sich mit der an der Probe abfallenden Spannung U_{Probe} aus

$$G = \frac{I}{U_{Probe}} \tag{3.1}$$

In dieser Arbeit wird der Leitwert immer in Vielfachen des Leitwertquants $G_0 = 2e^2/h$ dargestellt. Eine neu eingebaute, nicht gebrochene Probe hatte üblicherweise einen Leitwert von mehreren tausend G_0.

Voreinstellung der Messvorrichtung

Bevor die Probe mit dem Piezo kontrolliert gebrochen werden konnte, musste der Stempel in eine günstige Position gebracht werden, damit der Stellweg des Piezos ausreicht, um die Probe komplett zu brechen. Dazu wurde der Stempel durch den Vortrieb des Motors langsam gegen das Substrat gedrückt, sodass sich dieses durchbog, und die Probe an der Sollbruchstelle begann auseinander zu brechen, was sich in einem starken Abfall des Leitwerts manifestierte. Aufgrund der großen Übersetzung des Getriebes kann dies bei einer neu eingebauten Probe mehr als 60 min dauern, je nachdem wie fest die Probe in die Messingspangen eingeschraubt wurde. Als Abbruchkriterium hat es sich bewährt, den Motor bei etwa $100\,G_0$ anzuhalten. Für den restlichen Vorschub reichte der Stellweg des Piezos aus.

Kontrolliertes Schalten der Nanokontakte

Bevor man versucht, mit Hilfe des Piezos den Kontakt zu öffnen und wieder zu schließen, müssen einige Kriterien festgelegt werden. Damit ein Messzyklus nicht

zu lange dauert, aber trotzdem eine ausreichende Genauigkeit hat, wurde ein
oberes Limit festgelegt, bei dem der Kontakt als geschlossen betrachtet wurde.
Dieses hing teilweise von dem untersuchten Element ab, da aufgrund der jeweiligen Materialeigenschaften unterschiedliches Schaltverhalten zu beobachten war.
So spielt z.B. die Duktilität eine wichtige Rolle. Duktile Materialien werden beim
Biegen des Substrats stark gedehnt. Spröde Materialien hingegen brechen sehr
schnell auseinander. Für Dysprosium wurde wie in früheren Messungen [31] ein
oberes Limit von $20\,G_0$ gewählt. Für Gadolinium stellte sich in den Messungen
heraus, dass der benötigte Hub zwischen $20\,G_0$ und 0 teilweise doppelt so groß
ist wie bei Dysprosium. Deswegen wurde bei Gadolinium und auch bei Cer ein
oberes Limit von $10\,G_0$ gewählt.

Des Weiteren musste für eine automatisierte Messung definiert werden, wann der
Kontakt vollständig geöffnet war. Bei allen gezeigten Messkurven lag die untere
Grenze bei $0{,}05\,G_0$ und somit deutlich über dem Rauschlimit von $5 \cdot 10^{-4}\,G_0$ (vgl.
Abbildung 3.7b).

Wenn man den Stempel mit dem Motor in eine geeignete Stellung gebracht hat,
kann das Feintuning mit dem Piezo beginnen. Dazu stellt man die Piezospannung
U_{Piezo} so ein, dass der Leitwert sich im Bereich des oberen Limits befindet. Ist
die Position stabil und der Rauschpegel im Bereich von weniger als $1\,\%$, kann die
automatische Messeinstellung gewählt werden. Dabei wird U_{Piezo} kontinuierlich
erhöht, d.h. der Piezo wird gedehnt und der Kontakt geöffnet, wodurch der Leitwert abfällt. Wenn der Leitwert die untere Grenze $G_{min} = 0{,}05\,G_0$ unterschreitet,
wird die Piezospannung noch um weitere $75\,\mathrm{mV}$ erhöht, um den Kontakt noch
etwas mehr zu öffnen. Dann wird die Richtung geändert, d.h. U_{Piezo} wird wieder
verkleinert und der Kontakt somit geschlossen. Dabei beobachtet man in der Regel
eine Hysterese zwischen dem Öffnen und Schließen des Kontakts. Die Breite der
Hysterese wird durch die elastischen Eigenschaften des Materials bestimmt. Der
Elastizitätsmodul E wird über das Hooksche Gesetz definiert:

$$\sigma = E \cdot \epsilon \tag{3.2}$$

mit der mechanischen Spannung σ und der Dehnung ϵ. Je größer demnach der Widerstand ist, den ein Material einer mechanischen Spannung entgegensetzt, desto
geringer fällt die Dehnung bzw. Verformung aus. Die Elastizitätsmodule der untersuchten Elemente unterscheiden sich wenig für Gadolinium ($E(\mathrm{Gd}) = 54{,}8\,\mathrm{GPa}$)
und Dysprosium ($E(\mathrm{Dy}) = 61{,}4\,\mathrm{GPa}$), für Cer ist der Wert jedoch deutlich kleiner
($E(\mathrm{Ce}) = 34\,\mathrm{GPa}$) [32].
Beim Überschreiten der oberen Grenze gibt es wieder einen Richtungswechsel.
Die Schrittweite der Piezospannung lag bei $\Delta U_{Piezo} = 0{,}5\,\mathrm{mV}$ und die Geschwindigkeit, mit der die Piezospannung verändert wurde, lag bei etwa $3\,\mathrm{mV/s}$.
Dies entspricht einer Änderung des Elektrodenabstands von etwa $5\,\mathrm{pm/s}$. Die
Umrechnung wird am Ende dieses Abschnitts beschrieben. Zu einer durch den

Messaufbau (Piezo und eingespanntes Substrat) verursachten Hysterese können keine Aussagen getroffen werden, da dies nicht im Detail untersucht wurde. Dazu wären Leitwertmessungen eines Kontakts im Tunnelbereich notwendig, da man dort elastische Eigenschaften des Materials umgeht. Anhand einer wiederholten Vergrößerung bzw. Verkleinerung des Elektrodenabstands im Tunnelbereich kann man überprüfen, ob der Leitwert bei nominal gleichem Abstand denselben Wert hat oder aufgrund des Messaufbaus eine Hysterese zeigt.

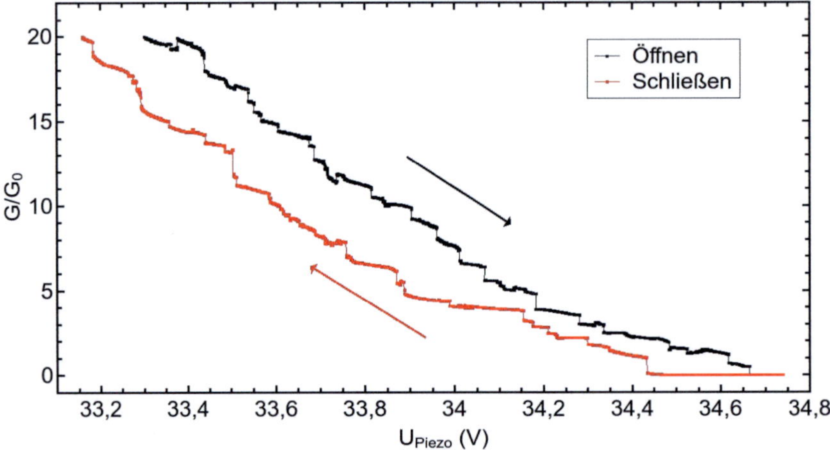

Abbildung 3.5: Typische Messkurve des Leitwerts G für Dysprosium an Probe 20120820-Dy-poly in Abhängigkeit von der Piezospannung U_{Piezo}: Die schwarze Kurve wurde beim Öffnen und die rote Kurve beim Schließen des Kontakts aufgenommen. Die Messrichtung wird durch Pfeile verdeutlicht.

Durch die kontinuierliche Veränderung des Leitwerts zwischen der oberen und unteren Grenze können viele Messzyklen hintereinander aufgenommen werden, ohne dass man die Probe komplett schließt. Eine typische Messkurve ist in Abbildung 3.5 zu sehen, in diesem Fall an einer Dysprosium-Probe. Durch Erhöhung der Piezospannung U_{Piezo} sinkt der Leitwert (schwarze Kurve), bis der Kontakt geöffnet ist ($G = 0$). Anschließend wird U_{Piezo} reduziert, wodurch der Kontakt wieder schließt und der Leitwert ansteigt.

Bei einer frisch gebrochenen Probe beobachtet man anfangs eine instabile Kontaktkonfiguration. In Abbildung 3.6 ist dieser Effekt anhand einer frisch gebrochenen Cer-Probe dargestellt. Er äußert sich darin, dass sich die Leitwertmessungen - in diesem Beispiel sind die ersten 14 Kurven beim Öffnen gezeigt - an frisch gebrochenen Proben stark voneinander unterscheiden, d.h. die Breite der Kurven, also der Hub ΔU_{Piezo} zwischen $G = 20\,G_0$ (bzw. $10\,G_0$) und $G = 0$, variiert in der Regel. Ebenso kann man beobachten, dass die Kurven mit der Zeit zu kleineren

Piezospannungen hin wandern. Dies lässt sich dadurch erklären, dass anfangs ein spitzer Kontakt vorhanden ist, der durch mehrmaliges Schalten abstumpft. Dadurch wird der Abstand zwischen den Elektroden kontinuierlich kleiner, und die Piezospannung muss deswegen bei jedem Zyklus etwas weiter verringert werden. Erst nach einer gewissen Anzahl von Schaltvorgängen erreicht man eine stabile Konfiguration des Kontakts, und die Messkurven sind reproduzierbar. Dieses kontinuierliche Öffnen und Schließen des Kontakts nennt man "Training" [33].

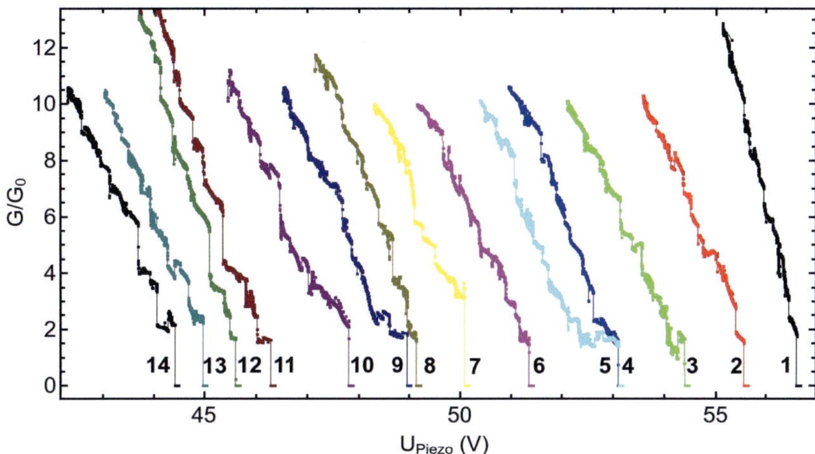

Abbildung 3.6: Training eines Cer-Kontakts an Probe 20130716-Ce-poly: Die Zahlen $1 - 14$ kennzeichnen die zeitliche Abfolge der Messungen. Gezeigt sind die Messungen beim Öffnen des Kontakts.

Bei den Messungen mit MCBJ wird der Abstand Δx zwischen den Elektroden über die Biegung des Substrats durch den mechanischen Vortrieb eines Stempels in Kombination mit einem Piezoelement gesteuert, der von einer Seite gegen das Substrat drückt.

Um eine quantitative Relation zwischen der Piezospannung und der Änderung des Elektrodenabstands herzustellen, muss die Spannung für jede Probe in eine Abstandsabhängigkeit umgerechnet werden. Dazu wird das Verhalten des Leitwerts betrachtet, wenn der Kontakt sich schließt. Dies wird an einer Beispielkurve von Dysprosium diskutiert. In Abbildung 3.7a ist der untere Leitwertbereich ($G < 2{,}6\,G_0$) einer Messkurve dargestellt. Man erkennt, dass der Leitwert bei $34{,}5\,\mathrm{V}$ langsam anfängt zu steigen, wobei vermutlich ein Tunnelkontakt gebildet wurde. Eine semilogarithmische Auftragung (siehe Abbildung 3.7b) zeigt tatsächlich ein lineares Verhalten. Da im Tunnelbereich auch

$$\frac{G}{G_0} \sim \exp\left(-\frac{\Delta x}{\xi}\right) \tag{3.3}$$

gilt (vgl. Gleichung 2.7), wobei Δx der Elektrodenabstand ist, ergibt sich

$$\Delta x = \frac{\xi}{t} U_{Piezo} \qquad (3.4)$$

Für die charakteristische Tunnellänge $\xi = \hbar/2\sqrt{2m\Phi^*}$ für Dysprosium erhält man $4{,}36 \cdot 10^{-11}$ m, wobei $\Phi^*(\text{Dy}) = 5\,\text{eV}$ die effektive Austrittsarbeit von Dysprosium ist. Die Austrittsarbeit ist aufgrund des Kontakts der Probe mit dem Heliumbad erhöht. Den Parameter t erhält man direkt aus der Steigung von $\log(G/G_0)$ gegen U_{Piezo}. Im vorliegenden Fall (Abbildung 4.4) ergibt sich ein Wert von $t = 2{,}86 \cdot 10^{-2}$ V. Eine Änderung der Piezospannung um 1 V entspricht somit einer Abstandsänderung von $1{,}52$ nm.

Für Gadolinium und Cer wurden die Umrechnungen analog durchgeführt, wobei eine effektive Austrittsarbeit von $5\,\text{eV}$ für Gadolinium bzw. $4{,}8\,\text{eV}$ für Cer verwendet wurde [34, 35]. Da es für Gadolinium und Cer keine Messungen des Einflusses eines Heliumadsorbats gibt, die Austrittsarbeit von Gd und Ce sich aber nur wenig von Dy unterscheiden, wird eine vergleichbare Änderung wie bei Dy ($\Delta\Phi_A = 1{,}9\,\text{eV}$) angenommen und für die Berechnung verwendet [34]. Die Austrittarbeit ohne Kontakt zu einem Adsorbat liegt bei $\Phi(\text{Gd}) = 3{,}1\,\text{eV}$ für Gadolinium bzw. bei $\Phi(\text{Ce}) = 2{,}9\,\text{eV}$ für Cer [35]. Ein Einfluss der Geometrie auf die Austrittsarbeit konnte bei keiner der untersuchten Proben beobachtet werden.

Mit dieser Umrechnung wird in den vorgestellten Messungen der Leitwert G immer in Abhängigkeit vom Elektrodenabstand Δx aufgetragen. Dabei ist der Nullpunkt nicht festgelegt, da immer nur Abstandsänderungen ermittelt werden können. Wir legen daher den Nullpunkt ($\Delta x = 0$) an die Stelle, wo der Kontakt geschlossen ist, d.h. wo der Übergang vom Tunnelbereich ($G \ll G_0$) zum metallischen Verhalten liegt (siehe Abbildung 3.7b).

$I(U)$-Kennlinien

Des Weiteren kann man mit dem Messprogramm $I(U)$-Kennlinien aufnehmen. Dazu wird die Piezoposition konstant gehalten, sodass das Leitwertrauschen minimal ist. Die Maximalspannung U_{max} kann vor jeder Messung neu eingestellt werden. Für die Schrittweite muss ein geeigneter Kompromiss gefunden werden, denn einerseits sollte die Messung möglichst schnell durchgeführt werden, um eventuelle mechanische Schwankungen zu vermeiden. Andererseits ist natürlich auch eine große Messgenauigkeit wünschenswert. Deshalb ist es empfehlenswert, wenn man immer mehrere $I(U)$-Kennlinien aufnimmt und dabei die Parameter etwas anpasst, um beide Kriterien zu erfüllen. Da das Keithley 6487 über die GPIB-Schnittstelle angesteuert wird, ist die Messgeschwindigkeit jedoch begrenzt. Hier liegt nämlich die Auslesezeit von GPIB bei etwa 50 ms und wird durch die Ansteuerung mehrerer Geräte und interne Filter noch größer, wodurch die Datenabfrage viel langsamer abläuft als z.B. bei einer analogen Datenerfassungskarte.

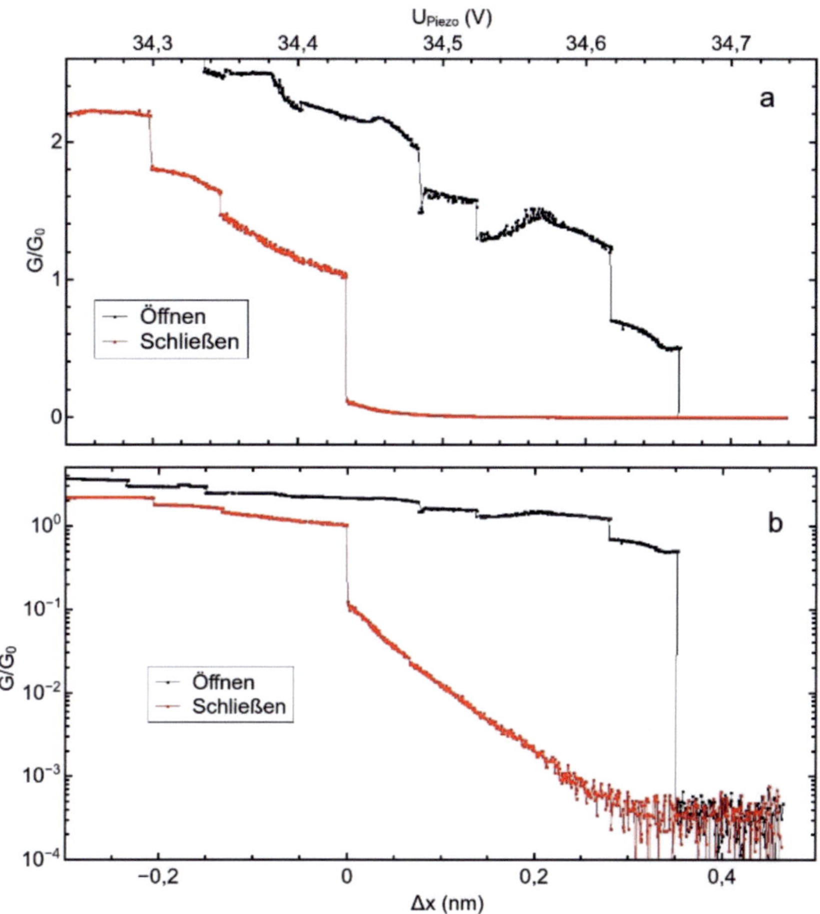

Abbildung 3.7: Leitwert der Dy-Probe 20120820-Dy-poly im Tunnelbereich in einer linearen (a) und einer semilogarithmischen Auftragung (b)

3.4   Eigenschaften der untersuchten Proben

Im Rahmen dieser Arbeit wurde der elektrische Transport in polykristallinen Proben der Selten-Erd-Metalle Gadolinium, Dysprosium und Cer sowie von Yttrium als unmagnetische Referenz gemessen. Die ursprüngliche Reinheit der Polykristalle (Gd, Dy, Ce, Y) lag jeweils bei 99,9 %. Im Folgenden wird zunächst auf deren physikalischen Eigenschaften eingegangen, die zur Interpretation der Ergebnisse wichtig sind. Ebenso wurden einige Charakterisierungsmessungen durchgeführt, die diese Eigenschaften verdeutlichen sollen.

Charakteristisch für die Seltenen Erden sind die Elektronen in der nicht vollständig gefüllten $4f$-Schale. Die Elektronenkonfiguration unterscheidet sich für freie Atome von denen im Metall, denn die Ionen der Seltenen Erden im Metall sind in der Regel dreifach positiv geladen. Anstelle von $[\mathrm{Xe}]\,4f^1\,5d^1\,6s^2$ eines freien Cer-Atoms findet man z.B. bei Cer im Metall die Konfiguration $[\mathrm{Xe}]\,4f^1$ vor. Die Valenzelektronen in der $5d$- und $6s$-Schale bilden somit in den Selten-Erd-Metallen das Leitungsband. Da die inneren Schalen wie in der Konfiguration von Xenon $([\mathrm{Kr}]\,4d^{10}\,5s^2\,5p^6)$ vollständig gefüllt sind, sind die $4f$-Orbitale für die magnetischen Eigenschaften verantwortlich. Die Kopplung der magnetischen Momente geschieht indirekt über die Polarisation der Leitungselektronen (RKKY-Wechselwirkung).

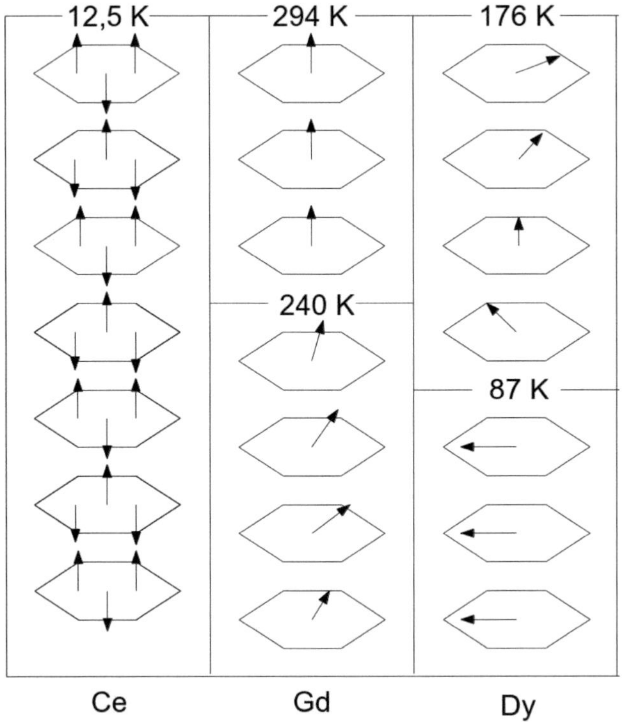

Abbildung 3.8: Magnetische Struktur von Cer, Gadolinium und Dysprosium in verschiedenen Phasen (nach [22])

Des Weiteren ist die Spin-Bahn-Kopplung der $4f$-Elektronen besonders stark und dominiert gegenüber anderen Wechselwirkungen, z.B. mit dem Atomkern und dem Kristallfeld, und führt zu großen magnetokristallinen Anisotropien. Der Bahndrehimpuls L koppelt mit dem Spin S zum Gesamtdrehimpuls J. Nach den Hundschen Regeln bildet der Term mit $J = |L - S|$ bei weniger als halb gefüllter Schale (Cer) bzw. $J = L + S$ bei mehr als halb gefüllter Schale (Dysprosium) den Grundzustand. Bei halb gefüllter Schale (Gadolinium) ist $J = S$. Die

Energieniveaus werden zusätzlich durch die Wechselwirkung mit dem Kristallfeld aufgespalten.

Die Struktur der verschiedenen magnetischen Phasen von Cer, Gadolinium und Dysprosium ist in Abbildung 3.8 in den jeweiligen Temperaturbereichen dargestellt.

3.4.1 Gadolinium

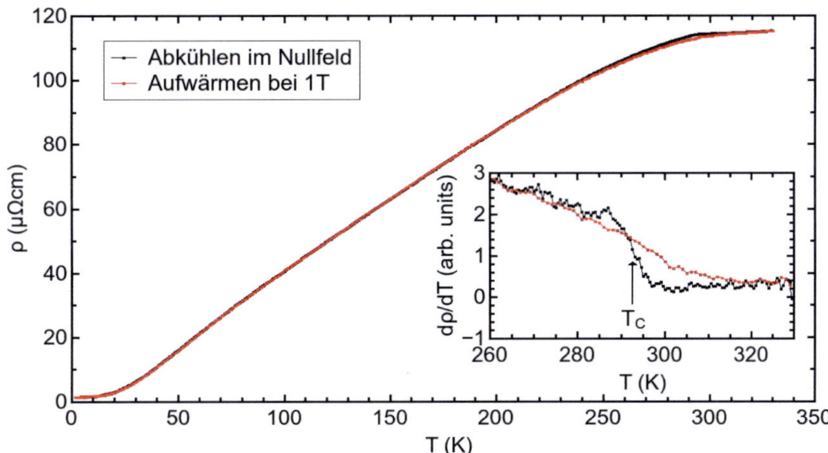

Abbildung 3.9: Temperaturabhängigkeit des spezifischen Widerstands von polykristallinem Gadolinium im Nullfeld und bei 1 T. Das Inset zeigt $d\rho/dT$ mit dem Übergang von der paramagnetischen in die ferromagnetische Phase bei $T_C = 294\,K$ (siehe Pfeil).

In der Reihe der Seltenen Erden hat Gadolinium eine vergleichsweise einfache magnetische Struktur. Man beobachtet paramagnetisches Verhalten bei Raumtemperatur oder höher. Bei Temperaturen unterhalb $T_C = 294\,K$ gibt es eine spontane Ausrichtung der magnetischen Momente in der ferromagnetischen Phase. Die Curietemperatur T_C von Gadolinium ist unter den Seltenen Erden am höchsten. In Abbildung 3.9 ist der spezifische Widerstand ρ einer polykristallinen Probe über der Temperatur aufgetragen. Die schwarze Kurve wurde ohne angelegtes Magnetfeld beim Abkühlen aufgenommen; für die Messung beim Hochheizen (rot) wurde ein äußeres Magnetfeld von $\mu_0 H = 1\,T$ angelegt. Die Messungen zeigen ein typisch metallisches Widerstandsverhalten, bei dem ρ mit sinkender Temperatur stark abnimmt. Im Inset ist die Ableitung des spezifischen Widerstands $d\rho/dT$ zu sehen. Dazu wurden die Rohdaten über ein gleitendes Mittel von 10 Punkten geglättet und anschließend numerisch differenziert. Man erkennt die deutliche Stufe der schwarzen Kurve bei $T_C = 294\,K$, die das Einsetzen der ferromagnetischen Phase andeutet. In der roten Kurve ist dieser Übergang nicht mehr so deutlich. Durch das Magnetfeld der Stärke $\mu_0 H = 1\,\text{T}$ werden die Momente schon bei höheren Temperaturen teilweise ausgerichtet, weswegen der Übergang deutlich verbreitert ist.

Die Momente richten sich entlang der leichten magnetischen Achse aus, die knapp unterhalb von T_C parallel zur kristallographischen c-Achse liegt. Beim Abkühlen ändert sich in Gadolinium die Richtung der leichten Achse [36]. Bei etwa 240 K dreht sich die leichte Achse von der kristallographischen c-Achse weg. Der Winkel zwischen der Richtung der leichten Achse der Magnetisierung $\vec{m}$ und der kristallographischen c-Achse (siehe Abbildung 3.10) erreicht bei ca. 180 K mit etwa 60° sein Maximum und sinkt dann wieder auf knapp unter 30° bei 4,2 K.

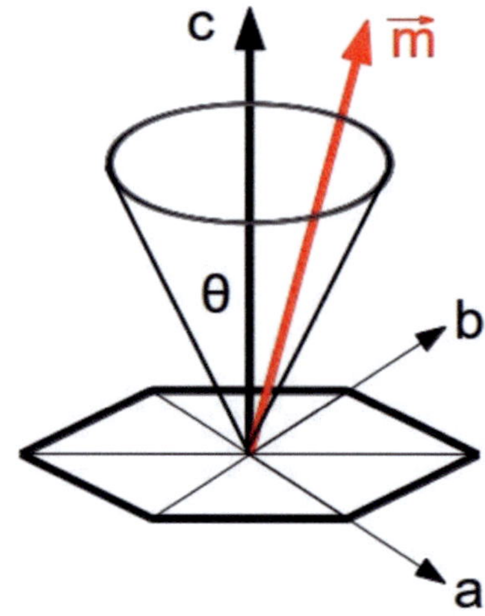

Abbildung 3.10: Orientierung der leichten Achse der Magnetisierung $\vec{m}$ bezüglich der kristallographischen c-Achse

Wie sich bei der Vorbereitung der Gadoliniumproben für die Transportmessungen herausstellte, war der Polykristall, aus dem die Drähte mit einer Diamantdrahtsäge herausgesägt wurden, von einer starken Textur gekennzeichnet. Es waren Dendriten zu erkennen, die sich durch den gesamten Polykristall relativ parallel zueinander zogen (vgl. Abbildung 3.3a). Zur Untersuchung des Einflusses der Textur auf die magnetischen Eigenschaften wurden einige Messungen in einem Magnetometer durchgeführt.

In Abbildung 3.11 ist die magnetfeldabhängige Magnetisierung $M(H)$ zu sehen. Es wurden zwei verschiedene Proben untersucht, wobei die schwarze Kurve einer Probe zugeordnet ist, bei der die Drahtachse parallel zu den Dendriten des Polykristalls lag. Die Probe der roten Kurve wurde senkrecht dazu geschnitten.

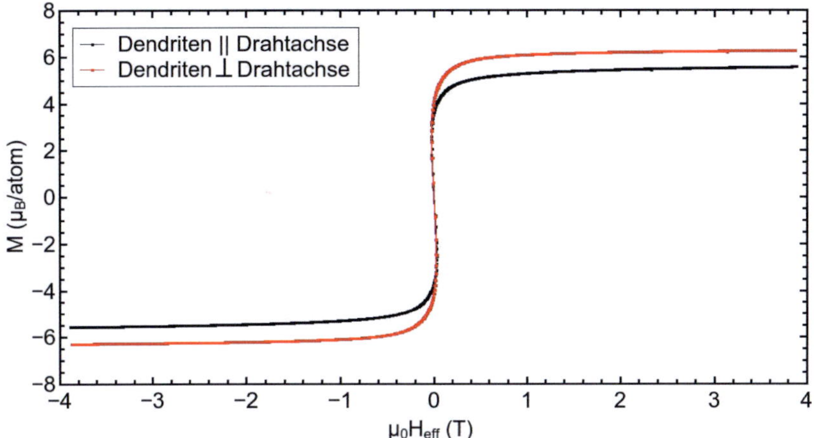

Abbildung 3.11: Gezeigt ist die magnetfeldabhängige Magnetisierung $M(H)$ für zwei verschiedene Schnittrichtungen der Gd-Probe. Einmal ist die Drahtachse parallel (schwarz) zu den Dendriten des Polykristalls, im anderen Fall wurde die Probe senkrecht (rot) zu den Dendriten geschnitten.

Die Messungen wurden in einem Vibrationsmagnetometer (VSM) durchgeführt, wobei die Magnetfeldrichtung bei beiden Messungen parallel zur Drahtachse lag. Das Magnetfeld H_{eff} wurde um den Term $M \cdot N$ korrigiert, wobei N der Entmagnetisierungsfaktor der Proben ist. Dieser kann berechnet werden, indem man die Probe durch ein Ellipsoid approximiert, wobei die Halbachsen durch die Abmessungen der Probe (Dicke 0,3 mm und Länge 6 mm) gegeben sind. Für die beiden gemessenen Proben waren die Abmessungen identisch, wodurch sich ein Entmagnetisierungsfaktor von $N = 0{,}0203$ ergibt [37]. Die Sättigungsmagnetisierung M_S ist erst oberhalb von 1 T erreicht. M_S liegt bei der roten Kurve bei 6,27 μ_B pro Atom, bei der schwarzen Kurve bei 5,57 μ_B pro Atom, gemessen jeweils bei 4 T. Dies ist jeweils etwas kleiner als der Literaturwert von 7,55 μ_B [38]. Die Abweichung vom Literaturwert ist dadurch zu erklären, dass beide Proben vor der Messung entsprechend präpariert werden mussten. Da die Metalle der Seltenen Erden bekanntlich sehr schnell oxidieren, wurde bei den Proben direkt vor der Messung und nach der Massebestimmung von allen Seiten die native Oxidschicht, die sich zwangsläufig mit der Zeit bildet, abgekratzt. Dadurch verändert sich die Masse geringfügig.

Zur Untersuchung einer eventuellen Vorzugsrichtung der Dendriten in dem Polykristall war es interessant, die Textur mittels Röntgendiffraktometriemessungen zu analysieren. In das verwendete Spektrometer (D8 Discover) der Firma Bruker war eine Kupferröhre eingebaut, aus deren Spektrum mittels Ni-Filter die K_α-Linie mit $\lambda = 1{,}54\,\text{Å}$ verwendet wurde. Die Messungen wurden im Θ-2Θ-

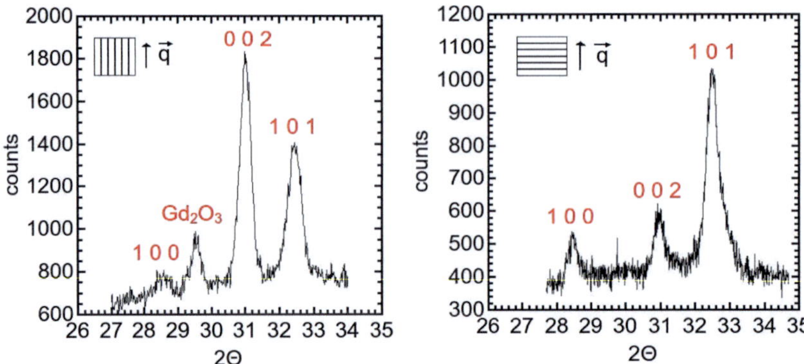

Abbildung 3.12: Θ - 2Θ - Röntgendiffraktometriemessungen an Gadolinium: Es sind zwei Messungen an derselben Gadoliniumprobe mit unterschiedlicher Geometrie dargestellt. Links ist die Probe so orientiert, dass $\vec{q}$ parallel zu den Dendriten ausgerichtet ist. Im rechten Bild liegt $\vec{q}$ senkrecht dazu. Die Ausrichtung von $\vec{q}$ bezüglich der Dendriten ist schematisch dargestellt.

Verfahren durchgeführt, wobei Θ und 2Θ die Winkel zwischen einfallendem Strahl und Probenoberfläche bzw. reflektiertem Strahl sind. In Abbildung 3.12 sind zwei Messungen an demselben Polykristall dargestellt. Im linken Bild war dieser so orientiert, dass der Vektor für den Impulsübertrag $\vec{q} = \vec{k'} - \vec{k} = \frac{4\pi}{\lambda} \sin(\Theta) \cdot \frac{\vec{q}}{|\vec{q}|}$ parallel zu den Dendriten lag. Dabei sind $\vec{k}$ und $\vec{k'}$ die Wellenvektoren des einfallenden bzw. reflektierten Strahls. Für die rechts dargestellte Messung wurde die Probe um 90° gedreht, sodass $\vec{q}$ senkrecht zu den Dendriten orientiert war. Offensichtlich sind die Intensitäten der jeweiligen Reflexe sehr unterschiedlich. Das Verhältnis der Intensität des (002)-Reflexes sowohl zu der des (100)-Reflexes als auch zur Intensität des (101)-Reflexes sind für die beiden Streuvektoren $q_{\|}$ und $q_{\perp}$ (bezogen auf die Dendritenachse) signifikant verschieden (siehe Tabelle 3.1).

	$\frac{I_{002}}{I_{100}}$	$\frac{I_{002}}{I_{101}}$
$q_{\|}$	14,5	1,8
$q_{\perp}$	1,25	0,3

Tabelle 3.1: Röntgendiffraktometrie an Gadolinium: Verhältnis der Intensität des (002)-Reflexes zur Intensität des (100)- bzw. des (101)-Reflexes

Dies zeigt, dass der untersuchte Polykristall tatsächlich eine starke Textur besitzt. So formieren sich die Dendriten hauptsächlich entlang der c-Achse. Diese Erkenntnis ist wichtig, da die Materialeigenschaften, wie z.B. die elastische Verformung, von der Geometrie der aus dem Kristall geschnittenen Drähte abhängt, wie später bei den Bruchkontaktmessungen zu sehen sein wird. Des Weiteren sieht man nur im linken Bild von Abbildung 3.12 ein Signal der Oxidoberflächen des Polykristalls. Dies ist dadurch zu erklären, dass der Streuvektor in diesem Fall auf eine oxidierte Fläche des Polykristalls traf. Im Fall $\vec{q_{\perp}}$ wurde eine frisch präparierte Schnittfläche bestrahlt.

3.4.2 Dysprosium

Dysprosium zeigt wie Gadolinium bei tiefen Temperaturen ferromagnetisches Verhalten. Allerdings gibt es hier keinen direkten Übergang von der paramagnetischen in die ferromagnetische Phase. Bei der Néeltemperatur von $T_N = 176\,\text{K}$ tritt zunächst eine helikal-antiferromagnetische Ordnung ein. Dies bedeutet, dass sich die Richtung der magnetischen Momente zwischen zwei Atomebenen dreht (siehe magnetische Struktur in Abbildung 3.8). Dieser Drehwinkel liegt bei T_N bei 43,2° und sinkt auf 26,5° bei 87 K [23]. Dort ist ein weiterer Phasenübergang zu beobachten [39]. Die magnetischen Momente richten sich für $T < T_C$ entlang der magnetisch leichten Achse aus. Dies ist die kristallographische a-Achse der hexagonalen Kristallstruktur.

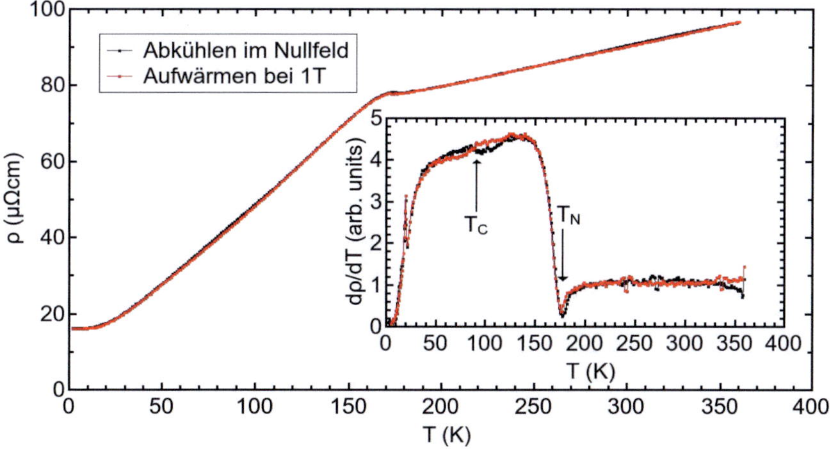

Abbildung 3.13: Temperaturabhängigkeit des spezifischen Widerstands $\rho(T)$ von polykristallinem Dysprosium: Im Inset ist die Ableitung $\mathrm{d}\rho/\mathrm{d}T$ dargestellt. Die Phasenübergänge bei T_C bzw. bei T_N sind markiert.

Abbildung 3.13 zeigt den temperaturabhängigen Verlauf des spezifischen Widerstands einer polykristallinen Dysprosiumprobe. Die schwarze Kurve wurde im Nullfeld beim Abkühlen aufgenommen, die rote Kurve beim Hochheizen in einem äußeren Magnetfeld von 1 T. Wie für ein Metall erwartet, sinkt ρ mit der Temperatur kontinuierlich ab. Beim Übergang in die helikale Phase ist ρ über einen

Bereich von etwa 6 K konstant, bevor der Widerstand nun stärker abfällt. Der zweite Phasenübergang in die ferromagnetische Phase tritt bei 87 K auf. Jedoch ist die Änderung des spezifischen Widerstands durch die parallele Ausrichtung der magnetischen Momente nicht groß genug, als dass dies in den Rohdaten zu erkennen ist.

Deswegen ist es interessant, ähnlich wie bei Gadolinium, die Ableitung des spezifischen Widerstands $d\rho/dT$ zu betrachten, die im Inset von Abbildung 3.13 zu sehen ist. Dazu wurden die Rohdaten wiederum mit einem gleitenden Mittel über 10 Punkte geglättet und anschließend numerisch differenziert. Für hohe Temperaturen ist $\rho(T)$ linear und $d\rho/dT$ ist somit konstant. Das Minimum bei 176 K markiert die Néeltemperatur T_N. Der zweite Übergang ist bei 87 K zu sehen. Die schwarze Nullfeldkurve zeigt ein kleines Minimum, das den Eintritt in die ferromagnetische Phase anzeigt. Offensichtlich ist die Änderung sehr klein, sodass der Übergang in den Rohdaten kaum zu erahnen ist. Dies liegt daran, dass es nur minimale Unterschiede im spezifischen Widerstand gibt, wenn die magnetischen Momente von der bereits geordneten, helikalen Phase in eine komplett parallele Ausrichtung geklappt werden. Dieser Übergang ist bei 1 T unterdrückt, da das äußere Magnetfeld selbst zur Ausrichtung beiträgt. Für tiefere Temperaturen $T < 50$ K nimmt $d\rho/dT$ weiter ab, da die Phononen ausgefroren werden. Das scharfe Maximum bei ca. 20 K ist ein Messartefakt, da dort der Messbereich und die Messgeschwindigkeit verändert wurden.

3.4.3 Cer

Cer steht im Periodensystem der Elemente direkt neben Lanthan, und es ist das erste Element aus der Reihe der Seltenen Erden mit einem $4f$-Elektron. Cer kristallisiert bei Raumtemperatur in einer hexagonalen Struktur [23]. Dieser Bereich des Phasendiagramms wird β-Phase genannt. Man beobachtet bei tieferen Temperaturen einen strukturellen Phasenübergang zu einer kubischen Struktur (fcc), die man als α-Phase bezeichnet.

Der temperaturabhängige Verlauf des spezifischen Widerstands $\rho(T)$ für polykristallines Cer ist in Abbildung 3.14 dargestellt. Die schwarze Kurve wurde im Nullfeld beim Abkühlen aufgenommen, die rote Kurve stellt die Messung beim Hochheizen in einem äußeren Magnetfeld von 1 T dar. Auffällig ist die große Hysterese von etwa 60 K zwischen beiden Kurven. Der Widerstand bricht beim Abkühlen bei etwa 112 K stark ein. Dies wird durch den bereits erwähnten, strukturellen Phasenübergang von Cer von der dhcp-Struktur zu einer verdichteten fcc-Struktur verursacht. Das $4f$-Band wird zu höheren Energien verschoben und befindet sich deshalb für Temperaturen unterhalb des strukturellen Phasenübergangs in der Nähe des Leitungsbands bzw. der Fermi-Energie E_F [23, 40, 41, 42]. Durch die geringere Abschirmung der Atomrümpfe in α-Cer wird das Kristallgitter kontrahiert. Beim weiteren Abkühlen geht der Kristall dann größtenteils in die fcc-Phase über.

Beim Aufwärmen beginnt der strukturelle Phasenübergang von fcc nach dhcp erst bei 171 K. Diese Hysterese ist ein Zeichen dafür, dass es sich dabei um einen Phasenübergang 1. Ordnung handelt. Der Widerstand steigt wieder stark an und erhöht sich sogar leicht im Vergleich zum Ausgangszustand, bevor die gesamte Messung begonnen wurde. In Abbildung 3.14 ist zu sehen, dass die rote Kurve für $T > 220$ K knapp oberhalb der schwarzen Kurve verläuft. Dies kann damit erklärt werden, dass in diesem Bereich immer noch ein Teil der Probe in der fcc-Struktur vorliegt. Dadurch hat man im Vergleich zu einer homogenen, d.h. komplett dhcp-geordneten Probe zusätzliche Streuzentren an den Grenzen der beiden Phasen, wodurch der Widerstand für den elektrischen Transport erhöht wird. Durch weiteres Hochheizen sollten sich diese Zonen umformen und in eine homogene hexagonale Anordnung übergehen.

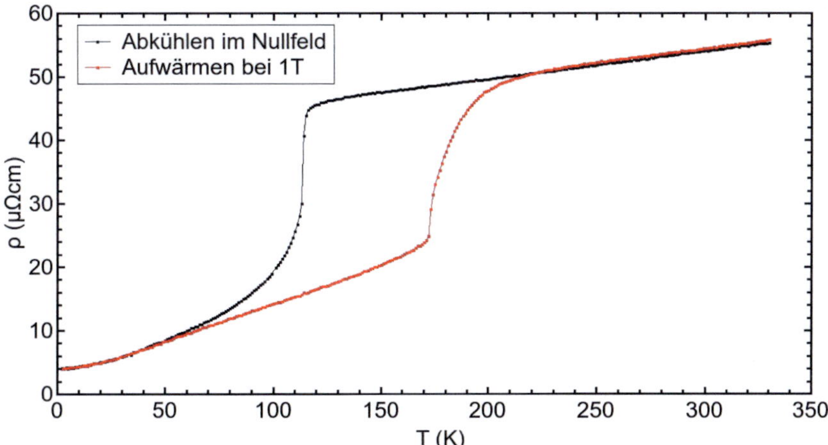

Abbildung 3.14: Temperaturabhängigkeit des spezifischen Widerstands $\rho(T)$ von polykristallinem Cer

Bei etwa 12,5 K wurde in anderen Untersuchungen ein weiterer Abfall des Widerstands beobachtet [41]. Dies wird mit dem Übergang in die antiferromagnetisch geordnete Phase erklärt. Der Antiferromagnetismus tritt allerdings nur in den Bereichen der Probe auf, die in der dhcp-Phase geordnet sind, weshalb in diesem Fall auch von "magnetischen Superzonen" gesprochen wird [23]. Offensichtlich zeigt die Widerstandsmessung in Abbildung 3.14 keinen solchen Übergang. Möglicherweise liegt das an der Vorbehandlung des Kristalls. Das Ausgangsmaterial war relativ porös, weswegen der Polykristall vor dem Schneiden der Drähte in einem Lichtbogenofen unter Argon-Atmosphäre aufgeschmolzen wurde. Dabei ist die Dauer des anschließenden Abkühlvorgangs, bei dem die Phasengrenze von γ-Cer zu β-Cer passiert wird, entscheidend dafür, welcher Anteil des Polykristalls in der dhcp-Phase zu finden ist. Der untersuchte Kristall kühlte nach dem Aufschmelzen sehr schnell ab. Bereits nach ca. $1-2$ min hatte die Probe wieder Raumtemperatur erreicht. In Ref. [41] wird berichtet, dass ein abruptes Abkühlen auf Raumtemperatur den dhcp-Anteil sehr niedrig hält, wohingegen langsames, kontrolliertes Abkühlen über 24 Stunden einen signifikanten Anteil der dhcp-Phase hervorruft. Die dort vorgestellten Messungen des spezifischen Widerstands zeigten, dass erst durch mehrmaliges Abkühlen auf 4,2 K und Aufwärmen auf Raumtemperatur der dhcp-Anteil größer wird, da man dabei die Grenze zwischen α- und β-Phase überschreitet (siehe Phasendiagramm in Abbildung 5.4).

3.4.4 Yttrium

Um den Einfluss von magnetischer Ordnung analysieren zu können, wurden Referenzmessungen an einem unmagnetischen Element durchgeführt. Dazu eignet sich Yttrium, da dessen mechanischen Eigenschaften mit denen von Gadolinium, Dysprosium und Cer vergleichbar sind. Yttrium liegt bei Raumtemperatur wie Gadolinium, Dysprosium und Cer in hexagonaler Kristallstruktur vor, wobei sich die Gitterkonstante a um etwa 1 % unterscheidet [23]. Der Elastizitätsmodul (E(Y) = 63,5 GPa [32]) ist ebenfalls vergleichbar mit dem von Gd und Dy (siehe Abschnitt 3.3). Die Elektronenkonfiguration eines freien Yttriumatoms ist [Kr] $4d\,5s^2$; im Metall bilden die $4d$- und $5s$-Elektronen das Leitungsband, wodurch auch bei Yttrium die Atomrümpfe dreifach positiv geladen sind.
Abbildung 3.15 zeigt den temperaturabhängigen Verlauf des spezifischen Widerstands $\rho(T)$ beim Abkühlen der Probe im Nullfeld (schwarz) und beim Aufwärmen bei 1T (rot). Man sieht den erwarteten linearen Verlauf über einen großen Temperaturbereich $T > 50$ K. Der Restwiderstand bei tiefen Temperaturen ist bei dieser Probe sehr groß im Vergleich zu den Messungen an Gd, Dy und Ce, was durch den niedrigen Wert des RRR-Verhältnisses $\rho(300\,\text{K})/\rho(4,2\,\text{K}) = 1{,}81$ verdeutlicht wird. Des Weiteren ist der absolute Wert von ρ um einen Faktor von etwa 200 größer als bei den Messungen an den drei anderen Elementen. Dies lässt sich durch eine fortgeschrittene Oxidation des Yttrium-Polykristalls erklären.

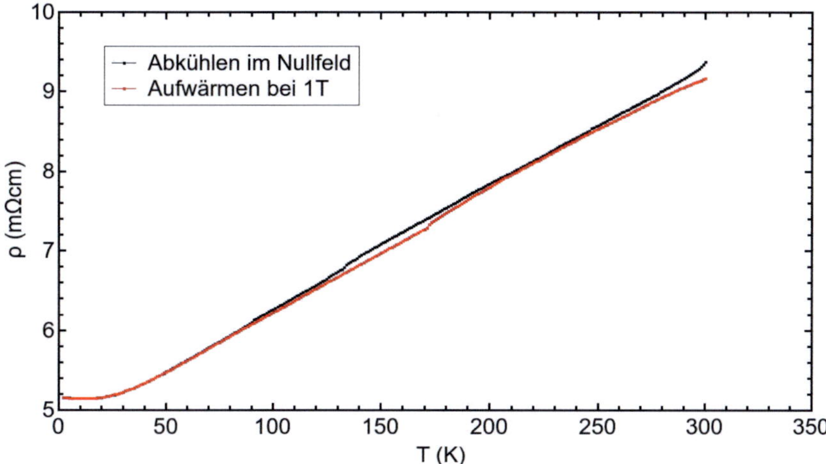

Abbildung 3.15: Temperaturabhängigkeit des spezifischen Widerstands $\rho(T)$ von poly-kristallinem Yttrium

Kapitel 4

Messungen zum elektronischen Transport

In diesem Kapitel werden die elektronischen Transportmessungen vorgestellt, die mittels der Methode der mechanisch kontrollierten Bruchkontakte durchgeführt wurden. Die Messungen sind für die jeweiligen Elemente Gadolinium, Dysprosium und Cer in Unterkapitel aufgeteilt. Danach folgt noch ein kurzer Abschnitt über die Messungen an Yttrium als unmagnetisches Referenzmaterial. Um die Unterschiede zwischen den untersuchten Seltenen Erden hervorzuheben, sind für jedes Element einige beispielhafte Messkurven dargestellt, die typisch für dieses Material sind. Zusätzlich werden aus den zahlreichen, für diese Arbeit erstellten Messungen statistische Auswertungen vorgestellt, um Rückschlüsse auf die unterschiedlichen physikalischen Eigenschaften der Proben ziehen zu können.

4.1 Gadolinium

Für die Untersuchungen an Gadolinium wurden Messungen an insgesamt 10 Proben durchgeführt. Wie in 3.4.1 beschrieben wurde, zeigte der Polykristall, aus dem die Proben geschnitten wurden, eine starke Textur in Form von länglichen Dendriten. Bei den Bruchkontaktmessungen war dann zu sehen, dass die Proben bis zum Brechen unterschiedlich stark gebogen werden mussten, je nachdem wie die Drahtachse zu den Dendriten orientiert war. Wenn die Drahtachse parallel zu den Dendriten liegt, ist die Probe sehr zäh, und die beiden Hälften der Probe können teilweise um mehr als 90° gegeneinander verbogen werden, ohne dass der Draht an der Sollbruchstelle auseinanderbricht. Dies führte manchmal dazu, dass das Probensubstrat aus der Messinghalterung herausgedrückt wurde, bevor der Draht gebrochen wurde, d.h. es konnte kein signifikanter Anstieg des Widerstands beobachtet werden.
Lag die Drahtachse dagegen senkrecht zu den Dendriten, war nur ein sehr kurzer Vorschub des Stempels nötig, um den Kontakt zu öffnen. Offenbar zeigte der Polykristall in dieser Richtung ein eher sprödes Verhalten, wobei der Draht an den Grenzen der Dendriten leicht gebrochen werden konnte. Deshalb wurden die folgenden Messungen sämtlich an solchen Proben durchgeführt, bei denen die Drahtachse senkrecht zu den Dendriten lag.

Abbildung 4.1 zeigt ein typisches Verhalten für den Leitwert einer Gd-Probe beim Bewegen des Stempels. Aufgetragen ist der Leitwert in Einheiten des Leitwertquants $G_0 = 2e^2/h$ gegen den Abstand der Elektroden Δx. Bei allen Graphen in dieser Arbeit, die die Veränderung des Leitwerts durch mechanischen Vortrieb zeigen, sind immer eine Kurve beim Öffnen des Kontakts (schwarz) und eine Kurve beim direkt darauffolgenden Schließen des Kontakts (rot) dargestellt, d.h. die Messrichtung verläuft entlang der schwarzen Kurve von großen Leitwerten kommend bis hin zu geöffnetem Kontakt ($G = 0$) und dann entlang der roten Kurve wieder zu einem hohen Leitwert.

An den Messkurven fällt zunächst auf, dass der Leitwert sich oft sprunghaft ändert, im Gegensatz zu einer makroskopischen Probe, bei der man eine gleichmäßige Abnahme mit abnehmendem Drahtdurchmesser erwarten würde. Diese Sprünge bzw. Stufen treten offensichtlich weder in regelmäßigen Abständen auf, noch haben sie immer dieselbe Höhe. Deshalb können äußere Einflüsse, z.B. Fehler in der Prozesssteuerung, ausgeschlossen werden. Außerdem wurden während einer Messung keine Einstellungen an den Messgeräten geändert wie z.B. Änderung des Messbereichs etc. Somit ist klar, dass diese Stufen einen physikalischen Ursprung haben.
Durch die kontinuierliche Längenänderung des Piezos wird der mechanische Druck auf das Substrat und somit die mechanische Spannung der Probe geändert, was zu einer Umordnung der atomaren Konfiguration führen kann. Dies führt immer wieder zu Änderungen in der Größe der Kontaktfläche an der Bruchstelle. Wenn sich

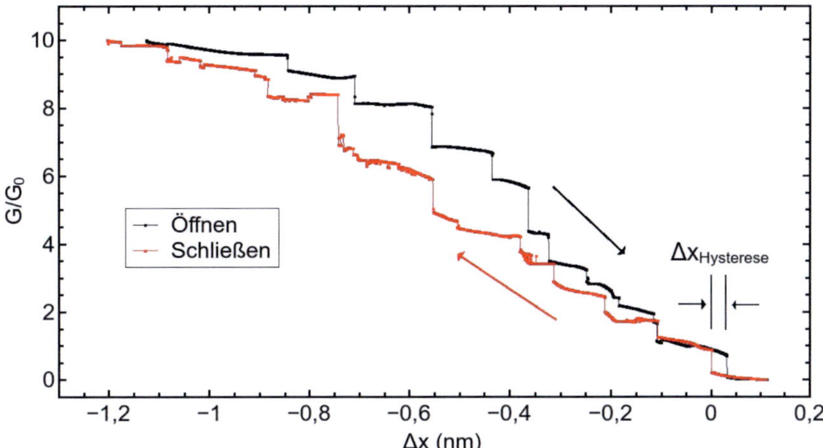

Abbildung 4.1: Leitwertmessungen an polykristalliner Gd-Probe 20130108-Gd-poly: Dargestellt ist der Leitwert G/G_0 in Abhängigkeit vom Eletrodenabstand Δx beim Öffnen (schwarz) und beim darauffolgenden Schließen (rot) des Kontakts. Die Messrichtung ist durch Pfeile gekennzeichnet. Ebenso ist die Hysterese $\Delta x_{Hysterese}$ zwischen Öffnen und Schließen des Kontakts markiert.

die Kontaktfläche verkleinert, der Draht also allmählich auseinanderreißt, geht der Kontakt über einzelne Atome verloren. Dies wird im Landauer-Formalismus durch den Verlust von Transportkanälen beschrieben. Des Weiteren kann sich der Transmissionskoeffizient eines Kanals durch Umlagerungen der Atome ändern. Da dies in der Regel einen veränderten elektrischen Widerstand der Probe mit sich bringt, zeigt sich dies in der Messung des Leitwerts durch einen Sprung. Dabei spielt es offensichtlich keine Rolle, ob der mechanische Druck auf die Probe zu- oder abnimmt, denn sowohl beim Öffnen als auch beim Schließen des Kontakts treten solche Stufen auf. In der roten Kurve kennzeichnen die Stufen dementsprechend den Fall, dass der Kontaktquerschnitt stufenweise vergrößert wird, d.h. dass weitere Transportkanäle zum Ladungstransport beitragen.

Der Leitwert ändert sich jedoch nicht nur durch den Verlust oder den Zugewinn von Transportkanälen. Zwischen den Stufen ist der Leitwert nicht konstant, sondern ändert sich oft monoton, wie z.B. in Abbildung 4.2 speziell im unteren Leitwertbereich $G < 6\,G_0$ deutlich zu erkennen ist. Wenn beide Elektroden nur noch an wenigen atomaren Kontaktstellen verbunden sind, kann dies dadurch erklärt werden, dass diese atomaren Kontakte aufgrund der Duktilität – wie bei der Bildung von atomaren Ketten in Gold [43] – elastisch etwas in die Länge gezogen werden und sich dadurch der elektrische Widerstand erhöht.

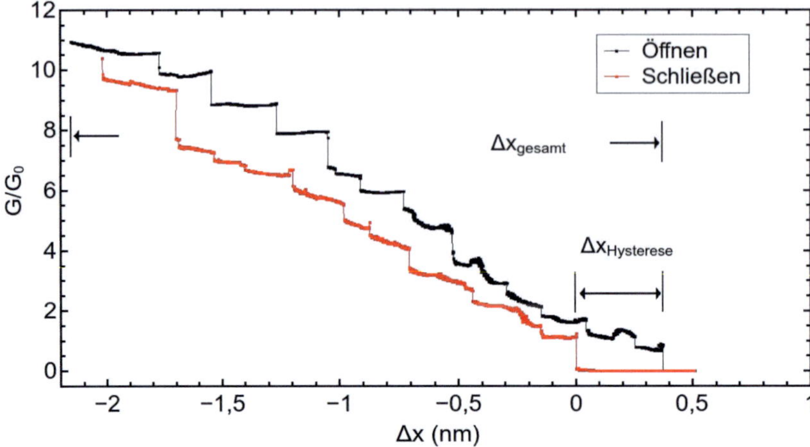

Abbildung 4.2: Leitwertmessungen an der Probe 20130403-Gd-poly

Die Breite der Plateaus ist ebenfalls nicht konstant. Insbesondere beginnen die
Kurven beim Öffnen oft mit einem sehr breiten Plateau. Dies liegt daran, dass
der Brechvorgang immer dann von vorne beginnt, wenn das obere Limit – bei Gd
sind das $10\,G_0$ – überschritten wird. Oft geschieht das, wenn die Schließen-Kurve
am Ende einen Sprung zu einem höheren Leitwert macht wie in den Abbildungen
4.2 und 4.3. Hat sich dort der Leitwert sprunghaft erhöht, muss der Piezo die
Probe erst wieder ein gutes Stück weit biegen, bevor erneut der erste Sprung beim
darauffolgenden Brechvorgang beobachtet wird.

Im Folgenden soll noch der untere Leitwertbereich genauer betrachtet werden.
Hier wird das Verhalten der Probe beim vollständigen Öffnen und erneutem
Schließen deutlich. Bei den meisten Messungen sieht man, dass der Leitwert am
Ende des Brechvorgangs in einem Vorgang auf nahezu $G = 0$ springt. Dies kann,
wie bereits angedeutet, dadurch erklärt werden, dass die atomaren Kontakte vor
dem Öffnen etwas gedehnt werden, wodurch sich die mechanische Spannung solange aufbaut, bis beide Elektroden auseinandergerissen werden. Dabei relaxieren
beide Elektroden, was zu einer Vergrößerung des Abstands führen kann. Wird
der Abstand zwischen den Elektroden wieder verkleinert, dauert es eine Weile,
bis der Kontakt sich wieder schließt. Dadurch kommt eine Hysterese zustande,
aufgrund der die Kurve beim Schließvorgang fast immer bei etwas kleineren Werten von Δx liegt. Beim Blick auf verschiedene Messungen stellt man fest, dass die
Hysterese nicht immer gleich groß ist, was darauf zurückzuführen ist, dass die mechanische Spannung beim Auseinanderreißen unterschiedlich ist. Beim Vergleich
von Abbildung 4.1 mit den drei anderen Graphen (Abbildungen 4.2 und 4.3)
sieht man in Bezug auf die Gesamtbreite der Kurve ($\Delta x_{gesamt} = 1{,}15\,\text{nm}$) eine
besonders kleine Hysterese ($\Delta x_{Hysterese} = 0{,}03\,\text{nm}$), was etwa 2,7 % entspricht.

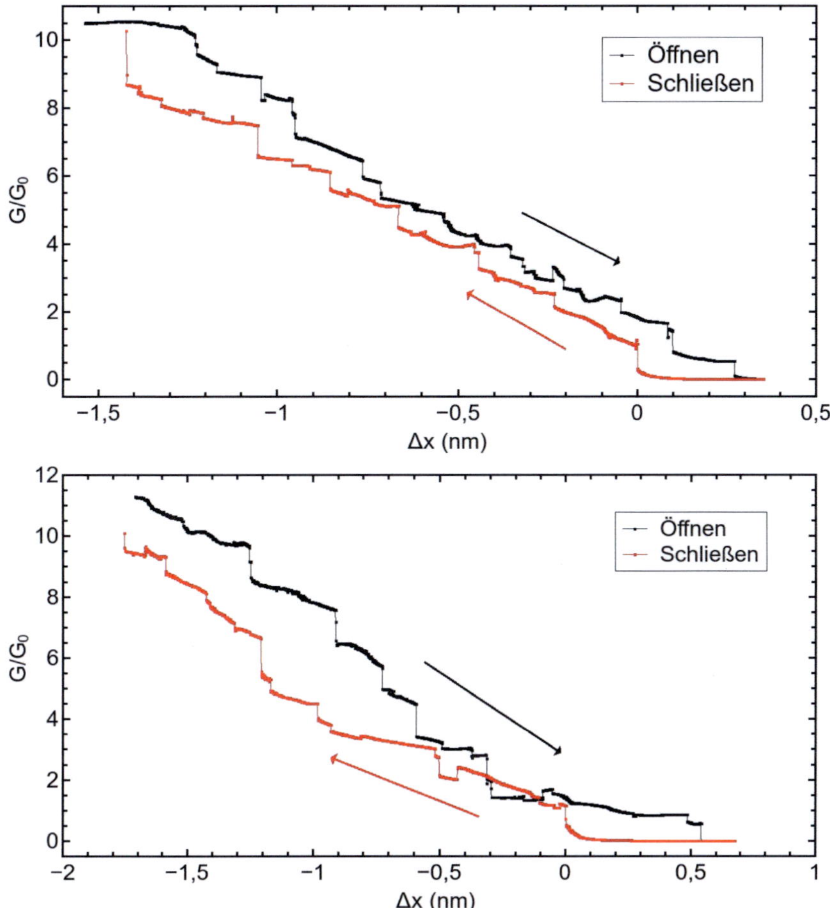

Abbildung 4.3: Leitwertmessungen an Probe 20130422-Gd-poly

Im unteren Bild von Abbildung 4.3 hingegen macht die Hysterese 24,1 % aus ($\Delta x_{Hysterese} = 0{,}54\,\mathrm{nm}$, $\Delta x_{gesamt} = 2{,}24\,\mathrm{nm}$).

Abbildung 4.4b verdeutlicht das exponentielle Verhalten des Tunnelstroms durch eine semilogarithmische Auftragung. Hier ist der Leitwert nun über der berechneten Distanz aufgetragen, wobei als Nullpunkt der Sprung zum ersten Plateau beim Schließen gewählt wurde. Man kann erkennen, dass die Hysterese in der Piezospannung von 0,22 V in etwa einer Abstandsänderung von 0,38 nm entspricht.

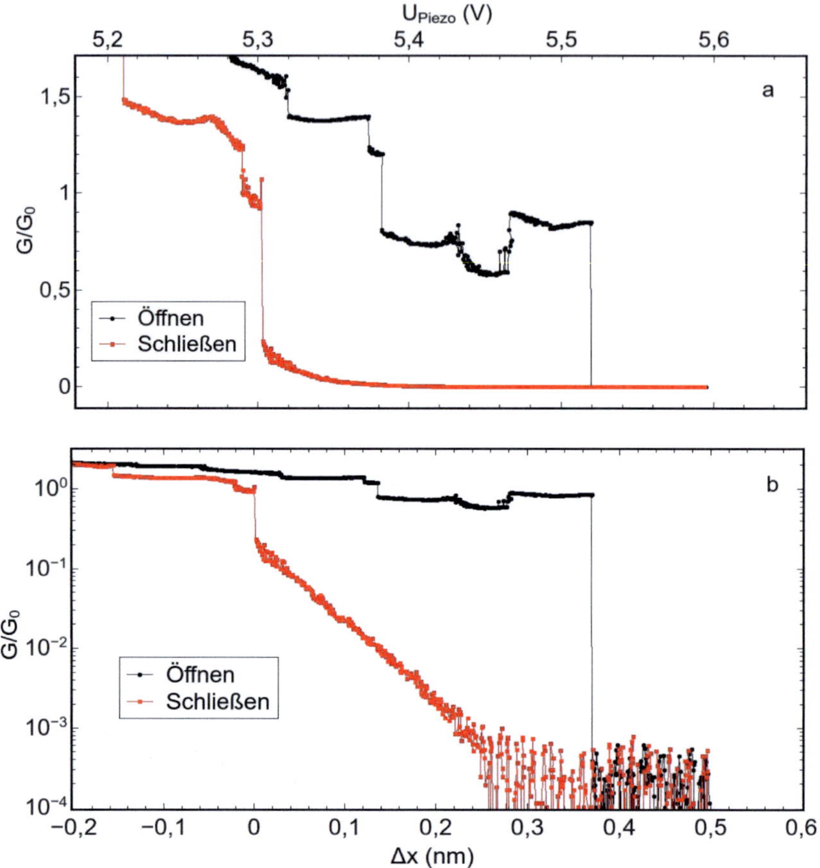

Abbildung 4.4: Leitwert der Gd-Probe 20121113-Gd-poly im Tunnelbereich (Messzyklus #2) in einer linearen (a) und einer semilogarithmischen Auftragung (b)

Wie bereits erwähnt, variiert der Abstand zwischen den relaxierten Elektroden nach dem sprunghaften Öffnen des Kontakts von Messung zu Messung. Man beachte den letzten Sprung beim Öffnen in Abbildung 4.4b. Der Leitwert ist bei offenem Kontakt kleiner als die Messgenauigkeit der Messgeräte, weshalb im rechten Bereich nur Rauschen zu erkennen ist. Der Wert von $G \approx 10^{-4}\,G_0$ entspricht etwa $130\,\mathrm{M\Omega}$. Dies ist jedoch nicht immer der Fall. Ein weiteres Beispiel in Abbildung 4.5a zeigt eine Messung im unteren Leitwertbereich ($G < 1,5\,G_0$), die an derselben Probe etwa 160 min später aufgenommen wurde. Man erkennt erneut die Sprünge sowohl beim Öffnen als auch beim Schließen des Kontakts. In Abbildung 4.5b sieht man jetzt jedoch ein anderes Verhalten im Vergleich zu Abbildung 4.4. In der semilogarithmischen Auftragung ist zu erkennen, dass nach dem Öffnen der Leitwert bis zu seinem Umkehrpunkt exponentiell abnimmt.

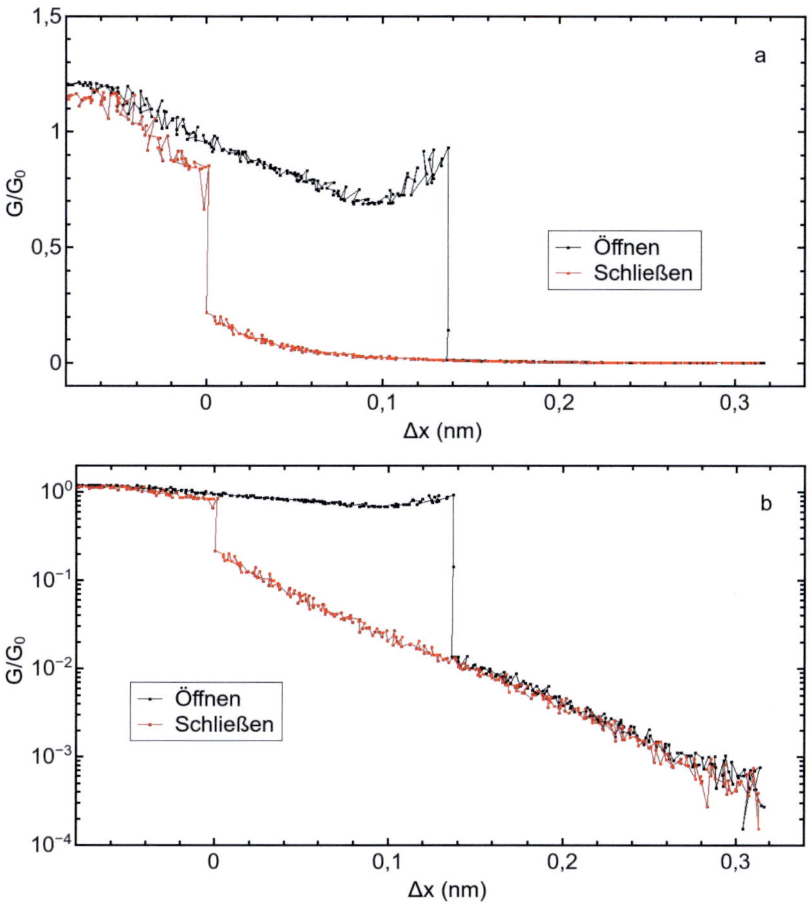

Abbildung 4.5: Verhalten des Leitwerts der Gd-Probe 20121113-Gd-poly im Tunnelbereich (Messzyklus #12) in einer linearen (a) und einer semilogarithmischen Auftragung
(b)

Anhand der Auftragung über dem Abstand Δx kann man nun die Hysteresen der
beiden Beispiele vergleichen. In Abb. 4.4 beträgt die Hysterese 0,37 nm. In Abb.
4.5 ist sie nur 0,14 nm breit.

Statistische Analyse

Da jeder Messzyklus, d.h. das Öffnen und erneutes Schließen des Kontakts, wegen der sich verändernden Atomkonfiguration leicht unterschiedliches Verhalten zeigt, ist es notwendig, einen objektiven Blick über die Gesamtzahl aller Messungen zu bekommen. Dafür hat sich die Darstellung in Leitwerthistogrammen $P(G)$ etabliert [44, 45, 46]. Hierfür fasst man mehrere Messkurven zusammen und teilt die Datenpunkte in vordefinierte Leitwertintervalle, sogenannte "bins", ein. Jeder aufgenommene Messwert ergibt einen Eintrag in das Histogramm. Die Datenpunkte wurden in festen zeitlichen Intervallen aufgenommen, weshalb breite Plateaus mehr Einträge in die Statistik liefern als schmale Plateaus. Die Häufigkeit, in der ein Leitwertintervall besetzt wird, ist deshalb ein Maß für die jeweilige Breite und die Verteilung von Plateaus mit unterschiedlichen Leitwerten in einer Leitwertmessung. Des Weiteren ist es sinnvoll, getrennte Histogramme für das Öffnen und das Schließen des Kontakts zu erstellen, da hier speziell im unteren Leitwertbereich signifikante Unterschiede auftreten [47].

Für Gadolinium wurden nun solche Histogramme erstellt. Abbildung 4.6a zeigt die Verteilung der Datenpunkte einer durchgehenden Messung über etwa 12 Stunden mit insgesamt 26 einzelnen Messzyklen auf Leitwertintervalle mit der Binbreite $0{,}1\,G_0$. Links aufgetragen ist die Anzahl, wie oft ein bestimmtes Intervall besetzt wird. Man erkennt ein Maximum bei $10\,G_0$, das wie oben beschrieben daher kommt, dass die Plateaus am Anfang des Brechvorgangs meist relativ breit sind. Bei kleineren Leitwerten findet man nun gelegentlich eine Erhöhung, da mehrere Messungen im selben Bereich Plateaus aufweisen, wie z.B. bei $4{,}5\,G_0$ oder $6{,}8\,G_0$. Das letzte Plateau vor dem Auseinanderbrechen zeigt sich in dem Maximum bei $0{,}8\,G_0$. Darunter tritt eine deutliche Abnahme auf, da dieser Bereich beim Öffnen meist übersprungen wird. Das Intervall bei $0{,}1$ und $0{,}2\,G_0$ wird sehr selten oder gar nicht besetzt. Ist der Leitwert dann nahezu Null, wird der Kontakt noch weiter geöffnet, um den Tunnelbereich zu untersuchen. Dadurch ergeben sich sehr viele Werte für den Bereich $G \approx 0$. Dies ist natürlich ein Artefakt der Auswertung und wird im Folgenden nicht berücksichtigt.

Vergleicht man nun dies mit dem Histogramm $P(G)$ für die Messkurven des Schließvorgangs, erkennt man doch gewisse Unterschiede. In Abbildung 4.6b ist speziell im linken Bereich das typische Verhalten beim Schließen zu sehen. Das Minimum von $P(G)$ liegt bei $0{,}3 - 0{,}5\,G_0$ und ist somit im Vergleich zum Öffnen etwas zu größeren Leitwerten verschoben. Auch sieht man den Einfluss des Tunnelstroms in der abnehmenden Balkenhöhe zwischen 0 und $0{,}3\,G_0$. Diese Effekte lassen sich dadurch erklären, dass vor dem Öffnen die Proben mechanisch verzerrt werden, nach dem Öffnen geht diese Dehnung zurück und der Tunnelstrom ist bei gleichem nominellem Δx genauso groß wie beim folgenden Schließvorgang. Allerdings muss dann eine größere Strecke überwunden werden, bis erneut ein metallischer Kontakt entsteht. Nach dem Sprung auf das erste Plateau gibt es

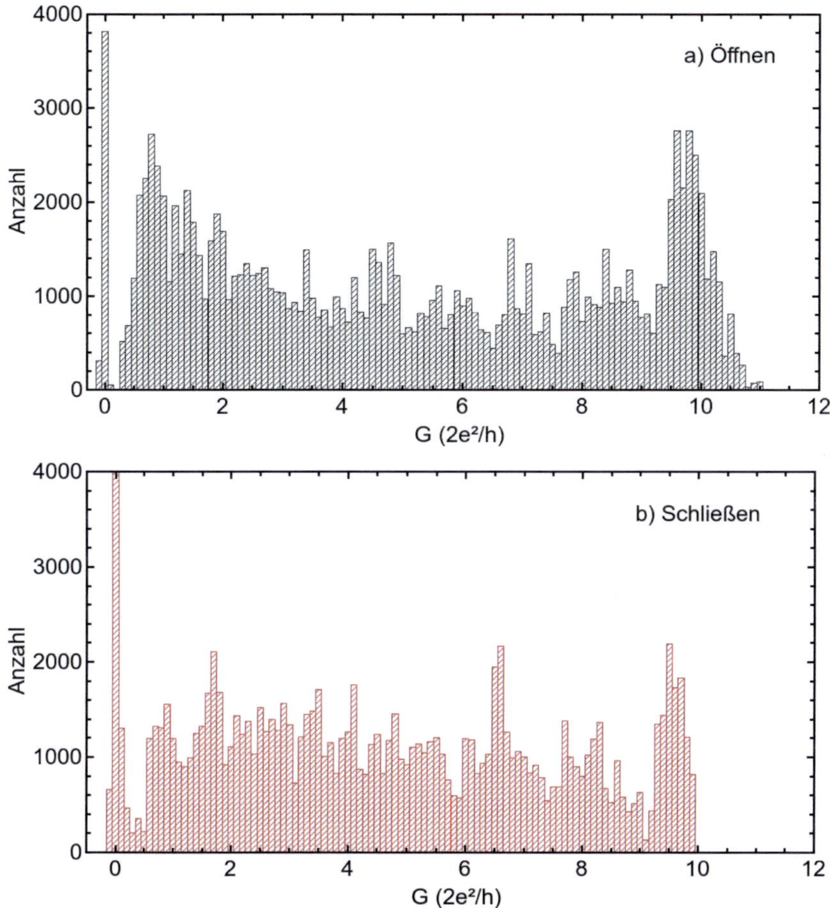

Abbildung 4.6: Leitwerthistogramm der Gd-Probe 20130422-Gd-poly-Z007 beim Öffnen (a) und Schließen (b) (aufgenommen innerhalb von 12 Stunden)

wieder eine Anhäufung, die ab $0{,}6\,G_0$ erkennbar ist und bei $0{,}9\,G_0$ ihr Maximum hat. Danach gibt es weitere recht deutliche Maxima bei $1{,}7\,G_0$ und $6{,}6\,G_0$. Bei $9\,G_0$ kennzeichnet die Anhäufung das letzte Plateau, bevor die Messungen dann die obere Grenze von $10\,G_0$ überschreiten.

Um die Höhe der Leitwertsprünge zu analysieren, ist eine Auftragung aller Datenpunkte zu ungenau. Deshalb werden die Sprünge individuell ausgewertet, indem der Leitwert zweier aufeinander folgenden Datenpunkte verglichen wird. Ist der Abstand größer als eine vordefinierte Grenze, so wird dies als Sprung interpretiert, ansonsten geht die Leitwertänderung nicht in die Statistik ein. Durch die hier gewählte Mindestgrenze von $\Delta G_{min} = 0{,}1\,G_0$ kann verhindert werden, dass das Rauschen in die Analyse miteinbezogen wird. In Abbildung 4.7 ist ein solches Histogramm dargestellt, wobei die schwarzen Balken für Sprünge beim Öffnen und die roten Balken für die beim Schließen stehen. Es wurden dafür dieselben Messdaten herangezogen wie für die Histogramme in den Abbildungen 4.6a und 4.6b. Es muss betont werden, dass hier jede Zählung für einen separaten Sprung steht. Offensichlich gilt für beide Messrichtungen: Je kleiner die Sprünge sind, desto mehr davon gibt es. Besonders die Häufigkeit der Sprunghöhe $\Delta G_{Sprung} = 0,1 - 0,2\,G_0$ (57,8 % aller Stufen beim Öffnen und 56,9 % beim Schließen) kann noch nicht explizit erklärt werden, da für Gadolinium die Anzahl der Transportkanäle und deren Transmissionskoeffizienten bislang nicht bekannt sind, weil eine entsprechende Messmethode wie bei Aluminium [26] nur an supraleitenden Materialien möglich ist.

Die kleinen Stufen kann man qualitativ dadurch erklären, dass es durch die mechanische Spannung im Kontaktbereich zu atomaren Umordnungen kommt, wodurch sich der Transmissionskoeffizient eines Kanals leicht ändert. Dies resultiert in einer Stufe im Leitwert, die in der Regel kleiner ist, als wenn ein Transportkanal komplett verloren geht bzw. neu hinzukommt. Torres *et al.* konnten durch numerische Berechnungen zeigen, dass die Höhe der durch atomare Umordnungen erzeugten Leitwertstufen deutlich kleiner als G_0 sein kann, solange mehrere Kanäle zum elektrischen Transport durch den Kontakt beitragen [48]. Die Berechnungen ergeben, dass die untersten Plateaus einer Leitwertmessung hingegen dem Leitwertquant G_0 entsprechen oder etwas größer sind.

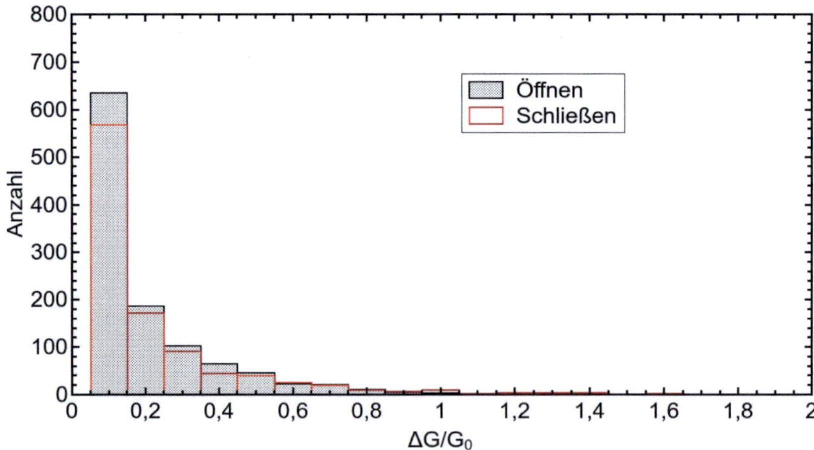

Abbildung 4.7: Verteilung der Leitwertsprünge $\Delta G/G_0$ der Gd-Probe 20130422-Gd-poly-Z007 (aufgenommen innerhalb von 12 Stunden): Hierfür wurden dieselben Daten verwendet wie für die Abbildungen 4.6a bzw. 4.6b.

Deshalb soll nun zur Analyse des Transportverhaltens durch den Nanokontakt der
untere Leitwertbereich der Messkurven betrachtet werden, da der letzte Sprung
beim Öffnen bzw. die Stufe auf das unterste Plateau beim Schließen durch die Anzahl der Transportkanäle und deren Transmissionskoeffizienten bestimmt wird.
Im Folgenden wird die letzte Stufe bzw. die Höhe des untersten Plateaus sowohl
direkt vor dem vollständigen Öffnen als auch direkt nach dem erneuten Schließen
des Kontakts ausgewertet.

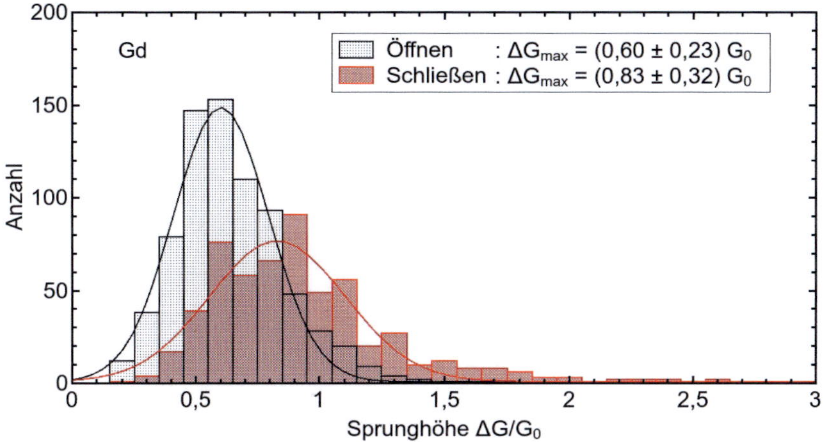

Abbildung 4.8: Sprunghöhe beim Öffnen bzw. Schließen eines Gd-Kontaktes: Die
Histogramme zeigen die Verteilung der Stufenhöhe des letzten Sprungs, wenn sich der
Kontakt komplett öffnet (schwarz), bzw. des ersten Sprungs, wenn sich der Kontakt
wieder schließt (rot). Das Histogramm umfasst Messungen an 6 verschiedenen Gd-
Proben (aufgenommen über einen Zeitraum von ca. 5 Monaten).

In Abbildung 4.8 ist die Sprunghöhe für den letzten Sprung beim Öffnen (schwarz)
und für den ersten Sprung beim Schließen (rot) aufgetragen. In diesem Histogramm liefert die gesamte Messkurve $G(\Delta x)$ jeweils nur einen Eintrag. Für die
Verteilung beim Öffnen wurden 746 Messkurven analysiert, beim Schließen waren es 568 Kurven. Um beide Verteilungen einfacher miteinander vergleichen
zu können, wurde jeweils eine Normalverteilung an die Histogramme angepasst.
Beim Vergleich der beiden fallen zwei Dinge sofort ins Auge. Offensichtlich ist
die Verteilung beim Öffnen des Kontakts schmäler als beim Schließen. Es treten
Sprunghöhen zwischen $0{,}2$ und $1{,}4\,G_0$ auf. Neben der größeren Anzahl der für die
Auswertung verwendeten Messkurven beim Öffnen im Vergleich zum Schließen ist
dies der Grund, dass einzelne Stufenhöhen im Maximum viel häufiger auftreten
(bis zu 153 bei $0{,}6\,G_0$). Die Verteilung der Stufenhöhen beim Schließen dagegen
ist breiter und variiert zwischen $0{,}2$ und $2\,G_0$. Für eine quantitative Beschreibung
wird hier sowie bei den folgenden Auswertungen jeweils die halbe Halbwertsbreite

(HWHM = "half width at half maximum") der angepassten Normalverteilungen bestimmt. Bei der schwarzen Kurve liegt diese bei $0{,}23\,G_0$, für die rote Verteilung ergibt sich $0{,}32\,G_0$.

Des Weiteren sind die Maxima der Verteilungen ΔG_{max} gegeneinander verschoben. Beim Öffnen des Kontakts liegt ΔG_{max} bei $0{,}60\,G_0$, beim Schließen bei $0{,}83\,G_0$.

4.2 Dysprosium

Der Dysprosium-Polykristall, aus dem die Drähte für die hier vorgestellten Messungen herausgesägt wurden, zeigte im Gegensatz zu Gadolinium keinerlei Textur. Deshalb war es nicht notwendig, auf eine spezielle Schnittrichtung zu achten. Dysprosium wurde schon weitgehend mittels Bruchkontaktmessungen untersucht, wobei jedoch hauptsächlich das magnetfeldinduzierte Schaltverhalten [19] und die magnetostriktiven Eigenschaften bzw. die Kontaktgeometrie mit und ohne Magnetfeld [20] analysiert wurden. In diesem Abschnitt werden jedoch ausschließlich mechanisch induzierte Bruchkontaktmessungen gezeigt. Es soll verdeutlicht werden, wie sich das Schaltverhalten im Vergleich zu den anderen untersuchten Elementen unterscheidet.

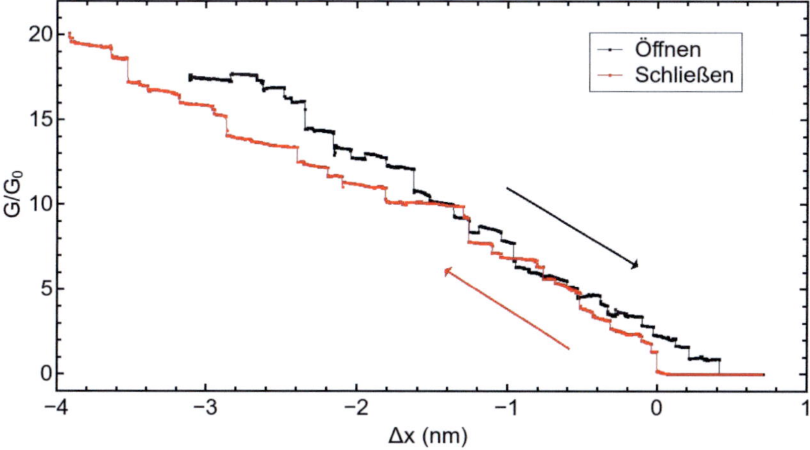

Abbildung 4.9: Leitwertmessungen an polykristalliner Dy-Probe 20120806-Dy-poly

Abbildung 4.9 zeigt eine Leitwertmessung an polykristallinem Dysprosium (zur Berechnung von Δx aus der Piezospannung siehe Abschnitt 3.3). Wie im Abschnitt zuvor wird auch hier wieder jeweils eine Kurve beim Öffnen (schwarz) und eine beim darauffolgenden Schließen (rot) dargestellt. Die Abstandsänderung zwischen geschlossenem und geöffnetem Kontakt kann sich von Kurve zu Kurve manchmal stark unterscheiden, je nachdem wie stark die Krümmung der Kurve im Tunnelbereich ist. In Abbildung 4.9 ist der Hub zwischen dem Leitwert $20\,G_0$ und 0 mit etwa 4,4 nm beispielsweise besonders groß, wie man im Folgenden an weiteren Beispielen sehen kann.

Wie oben erwähnt, wurde bereits an den ersten Messungen an Dy festgestellt, dass Dy im Vergleich zu Gd, Ce oder Y deutlich spröder ist. Deshalb wurden die Messungen an Dy immer zwischen Leitwerten von 0 und $20\,G_0$ durchgeführt. Die Messkurven zeigen wie bei Gadolinium ein sprunghaftes Abnehmen bzw. Anstei-

gen des Leitwerts. Auf den ersten Blick treten viele, aber eher kleine Sprünge auf.
So sind es z.B. 16 Sprünge der Größe $0{,}3 - 0{,}4\,G_0$ in der schwarzen Kurve. Die
Hysterese zwischen dem Sprung beim Öffnen und beim Schließen ist im unteren
Leitwertbereich zu sehen. Die Breite der Hysterese variiert auch bei Dysprosium,
wenn man den Kontakt mehrmals öffnet und schließt (Training des Kontakts).
Hier liegt sie bei $\Delta x = 0{,}4\,\text{nm}$, jedoch ist bei dieser Messung der Hub zwischen
$20\,G_0$ und 0 auch deutlich größer. Auf die möglichen Ursachen der Hysterese wird
im nächsten Abschnitt anhand der Messungen an Cer eingegangen.

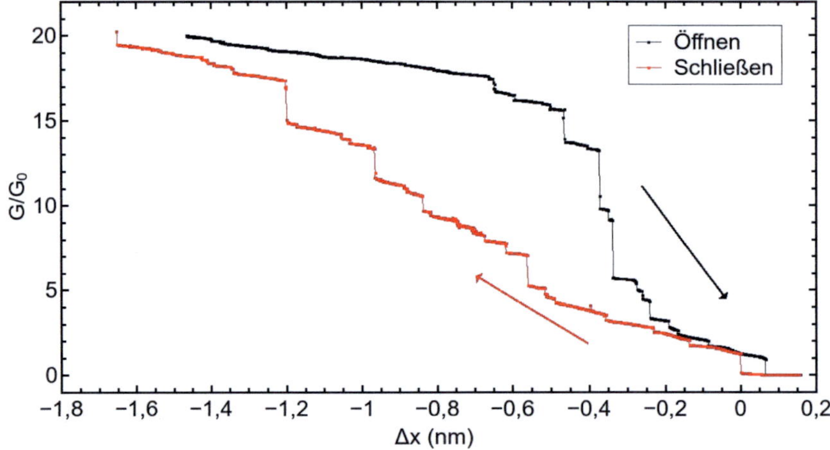

Abbildung 4.10: Leitwertmessungen an Probe 20120625-Dy-poly

Der Blick auf weitere Messungen zeigt, dass jede Kurve eine eigene Charakte-
ristik besitzt. Abbildung 4.10 lässt einige wenige, aber dafür große Stufen der
Höhe $3 - 4\,G_0$ erkennen im Gegensatz zu Abbildung 4.9. Auch beträgt der Hub
zwischen $0 - 20\,G_0$ nur $1{,}72\,\text{nm}$, im Gegensatz zu Abbildung 4.9 mit $4{,}4\,\text{nm}$. Zwischen den Stufen verändert sich der Leitwert meistens linear mit dem Abstand.
Entsprechend ist die Hysterese zwischen dem letzten und ersten Sprung deutlich
kleiner. Sie ist nur etwa $0{,}07\,\text{nm}$ breit.

Manchmal kommt es auch vor, dass die Leitwertsprünge nicht monoton erfolgen (ΔG positiv beim Öffnen bzw. negativ beim Schließen), wie beispielsweise in Abbildung 4.11 an der schwarzen Kurve zu sehen ist. Prinzipiell erwartet man, dass beim Öffnen die Elektroden voneinander wegbewegt werden und die Kontaktfläche damit kontinuierlich kleiner wird, weshalb die Anzahl der zum Leitwert beitragenden Transportkanäle abnimmt und somit der Leitwert selbst auch kleiner wird. Jedoch steht die Probe beim Brechen unter mechanischer Spannung. Durch das Auseinanderbrechen treten Umordnungen im Bereich der Kontaktfläche auf, wodurch gelegentlich neue Transportkanäle gewonnen werden können, wenn Atome vom Rand der Kontaktfläche weiter ins Zentrum springen.

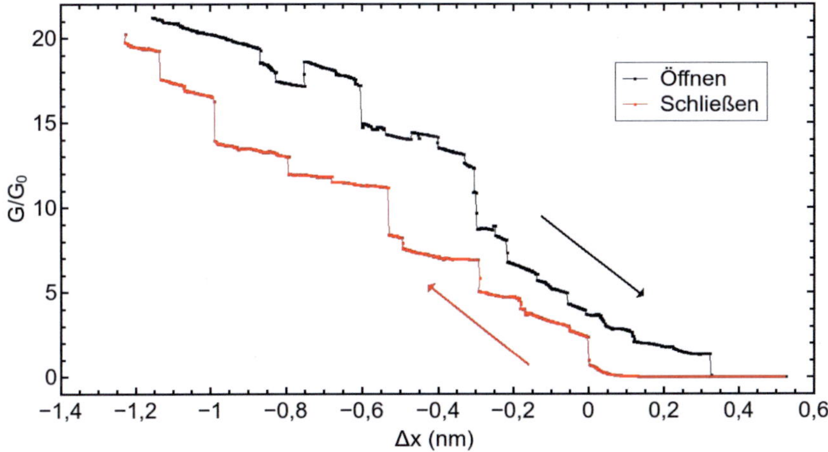

Abbildung 4.11: Leitwertmessungen an Probe 20120210-Dy-poly

Auch bei Dysprosium kann man feststellen, dass der Elektrodenabstand nach dem Öffnen des Kontakts variiert. Einerseits sieht man das an der Breite der Hysterese, die sich von Messung zu Messung wie beschrieben unterscheidet. Auf der anderen Seite finden sich wie bei Gadolinium auch Beispiele, bei denen der Elektrodenabstand nach dem letzten Sprung in der Öffnen-Kurve genügend klein ist, dass noch ein Tunnelstrom detektiert werden kann. Solch ein Beispiel ist in Abbildung 4.12 dargestellt. Für $\Delta x > 0{,}13\,\mathrm{nm}$ nimmt der Leitwert bis zum Umkehrpunkt exponentiell ab, wie im Inset vergrößert zu sehen ist.

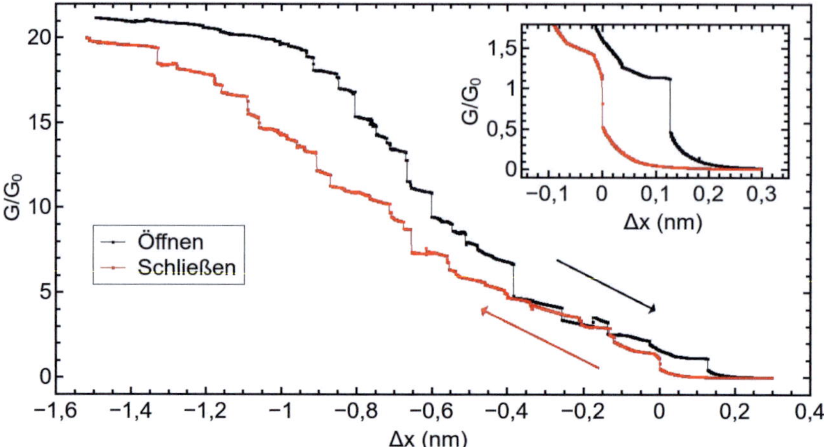

Abbildung 4.12: Leitwertmessungen an Probe 20120727-Dy-poly: Das Inset zeigt die Hysterese im unteren Leitwertbereich in vergrößerter Darstellung.

Bei einer beträchtlichen Anzahl von Messungen an Dysprosiumproben zeigte sich ein kontinuierlicher Übergang hin zu geöffnetem Kontakt bzw. vom Tunnelbereich zum metallischen Kontakt. Solch eine Kurve ist beispielhaft in Abbildung 4.13 dargestellt. Man erkennt einen leicht sinkenden Wert bei etwa $2\,G_0$. An der Stelle, an der man eine Stufe in der schwarzen Kurve erwarten würde, knickt diese jedoch ab und geht kontinuierlich gegen 0. Im Bereich $G \approx 0{,}5\,G_0$ ist die Andeutung eines Sprungs von $\Delta G \approx 0{,}15\,G_0$ zu erkennen. Dies deutet darauf hin, dass der Tunnelstrom sehr groß ist. Wenn der Kontakt wieder geschlossen wird, sieht man den erwarteten exponentiellen Anstieg des Tunnelstroms. Der Sprung vom Tunnelkontakt hin zum metallischen Kontakt bleibt aber aus. Dieses Verhalten wurde zuvor bereits an anderen Nanokontakten beobachtet [49, 50, 51, 52]. Bei Messungen an Wolfram-Nanokontakten ist es typisch, dass der Leitwert keine Stufe, sondern einen kontinuierlichen Übergang zeigt, wenn der Kontakt gebrochen wird. Überraschend ist, dass der Leitwert beim Schließen über dem beim Öffnen liegt. Dieses Verhalten lässt sich nicht ohne Weiteres erklären und liegt möglicherweise an einer Besonderheit der Kontaktgeometrie (vgl. Abbildung 2.3).

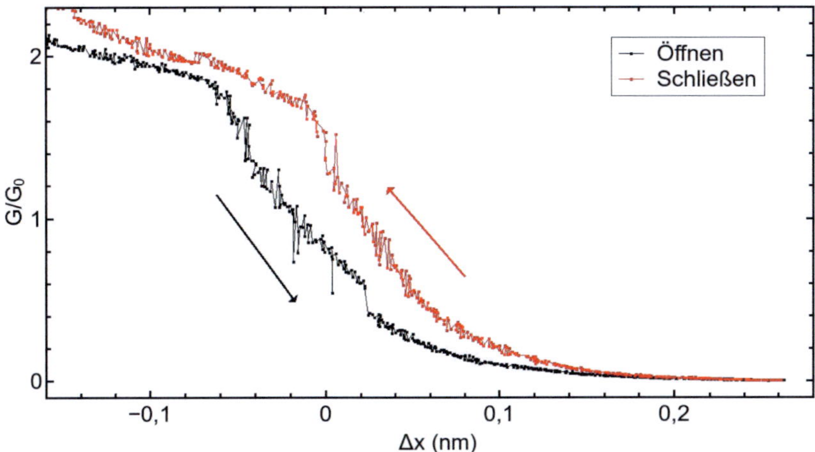

Abbildung 4.13: Beispiel für ein kontinuierliches "Schalten" eines Dy-Kontakts in Probe 20120806-Dy-poly

Statistische Analyse

Abbildung 4.14a zeigt das Leitwerthistogramm der Brechvorgänge. Die dazu ausgewerteten Daten umfassen hier 11 Messzyklen, die an einem Tag gemessen wurden. Für die Binbreite wurde wieder $0{,}1\,G_0$ gewählt. Die starke Anhäufung bei $G \approx 20\,G_0$ ist ein Artefakt der Messung, da dieser Wert als obere Umkehrgrenze zwischen Schließen und Öffnen festgelegt wurde und daher hier viele Messwerte aufgenommen wurden. Die Beispielkurven in den Abbildungen 4.10 und 4.12 verdeutlichen, dass die Probe erst wieder ein Stück weit gedehnt werden muss, bis der Kontakt wieder anfängt zu brechen. Dies ist ein Hinweis auf die elastischen Eigenschaften des jeweiligen Elements. Weichere Materialien müssen stärker gedehnt werden, bis die mechanische Belastung zu einer Veränderung der Kontaktfläche und damit zu einer Erniedrigung des Leitwerts führt.

Im mittleren Teil des Histogramms gibt es Schwankungen bei der Häufigkeit der Besetzung eines Leitwertintervalls. Eine klare Abfolge von Maxima und Minima, die über die statistischen Schwankungen hinaus geht, ist in diesen Histogrammen nicht erkennbar. Bei $G \approx 1\,G_0$ lag in mehreren der für das Histogramm verwendeten Messungen das unterste Plateau (vgl. Abbildungen 4.9 – 4.12), deshalb zeigt $P(G)$ dort ein deutliches Maximum. Die oben angesprochene starke Ausprägung des Tunnelbereichs führt auch bei $G \ll G_0$ zu Beiträgen zu $P(G)$. Dies war bei dem Histogramm beim Öffnen für Gadolinium nicht der Fall (siehe Abbildung 4.6a).

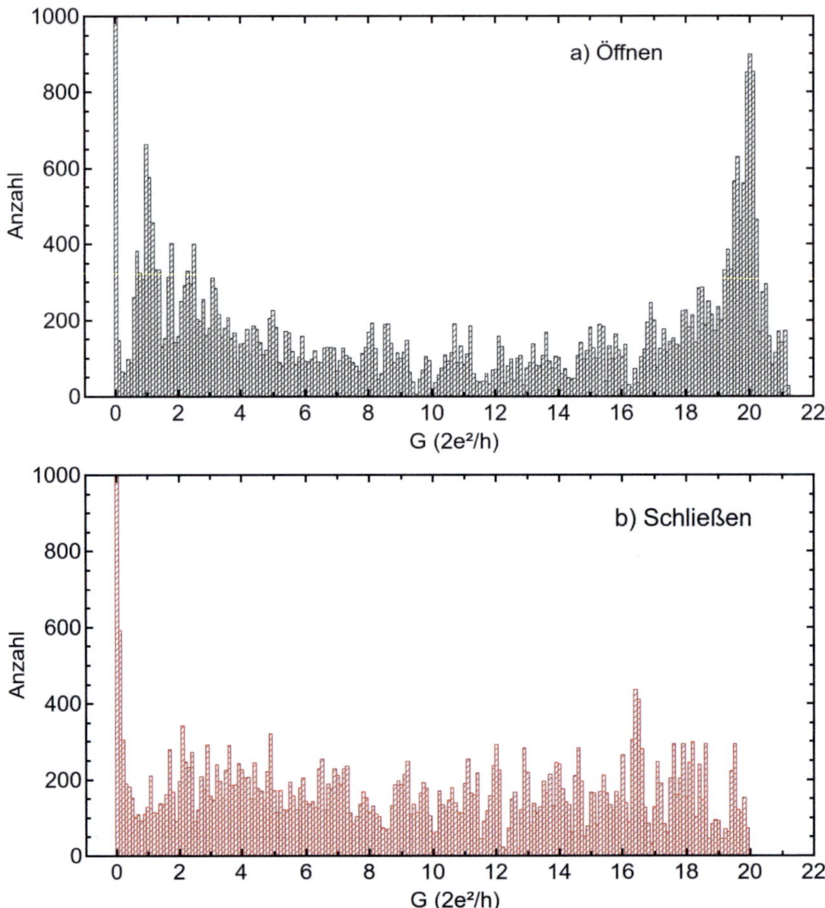

Abbildung 4.14: Leitwerthistogramm der Dy-Probe 20120727-Dy-poly-Z003 beim Öffnen (a) und Schließen (b): Das Histogramm zeigt die Verteilung des Leitwerts in Einheiten von G_0 mit einer Binbreite von $0{,}1\,G_0$.

Das Histogramm der Messkurven beim Schließen ist in Abbildung 4.14b dargestellt. Wie beim Schließen der Gd-Proben sieht man auch hier, dass die Balkenhöhe zwischen 0 und $0{,}6\,G_0$ allmählich abnimmt, was durch das Einsetzen des Tunnelstroms beim Schließen erklärt werden kann. Man stellt aber fest, dass das erste Minimum, das aufgrund des Sprungs vom Tunnelbereich zum metallischen Kontakt auftritt, hier zwischen $0{,}6\,G_0$ und $0{,}8\,G_0$ liegt und somit im Vergleich zu Gadolinium $(0{,}3-0{,}5\,G_0)$ etwas nach rechts verschoben ist. Dies lässt sich wieder mit dem höheren Tunnelstrom erklären.

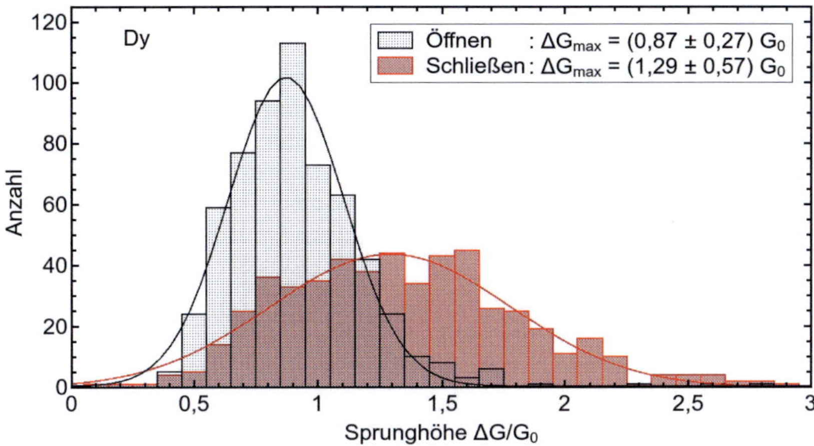

Abbildung 4.15: Sprunghöhe beim Öffnen bzw. Schließen eines Dy-Kontakts: Die Histogramme zeigen die Verteilung der Stufenhöhe des letzten Sprungs, wenn sich der Kontakt komplett öffnet (schwarz), bzw. des ersten Sprungs, wenn sich der Kontakt wieder schließt (rot). Das Histogramm umfasst Messungen an 14 verschiedenen Dy-Proben.

Bezüglich der Höhe der einzelnen Sprünge in den Messkurven ergibt sich ein Bild, das mit dem für Gadolinium (Abbildung 4.7) vergleichbar ist und nur begrenzte Aussagekraft hat. Es ist daher sinnvoller, den Fokus wieder direkt auf den unteren Leitwertbereich zu richten. Zur Analyse des letzten Sprungs beim Öffnen bzw. des Sprungs auf das erste Plateau beim Schließen wurden Messungen an 14 verschiedenen Proben ausgewertet. An insgesamt 528 Kurven beim Öffnen und 606 Kurven beim Schließen wurde die Stufenhöhe abgemessen. Beide Histogramme sind gemeinsam in Abbildung 4.15 dargestellt. Jeder Eintrag steht hier wieder für eine vollständige Messkurve. Man erkennt, dass wie im Abschnitt zuvor bei Gadolinium die Stufenhöhe beim Öffnen über einen kleineren Bereich streut (zwischen 0,4 und $1,7\,G_0$) als beim Schließen (zwischen 0,4 und $2,9\,G_0$). Die Anpassung einer Normalverteilung an jedes Histogramm ergibt, dass die Verschiebung der Maxima von $0,87\,G_0$ beim Öffnen zu $1,29\,G_0$ beim Schließen mit einem Faktor von 1,5 vergleichbar groß ist wie bei Gadolinium. Auch die Breite der Öffnen-Kurve ist mit $0,27\,G_0$ deutlich kleiner als bei der Schließkurve mit einem Wert von $0,57\,G_0$; die Streuung ist also doppelt so groß.

4.3 Cer

Da das verwendete Cer im Ausgangszustand sehr porös war, wurde der Polykristall in einem Lichtbogenofen unter Argon-Atmosphäre aufgeschmolzen. Dadurch wurde der Kristall sehr homogen und es musste keine gesonderte Schnittrichtung gewählt werden. Es stellte sich jedoch heraus, dass Cer im Vergleich zu Dysprosium deutlich duktiler ist. Deshalb wurden wie zuvor bei Gadolinium die vorgestellten Messungen an Cer in diesem Abschnitt alle zwischen 0 und 10 G_0 durchgeführt.

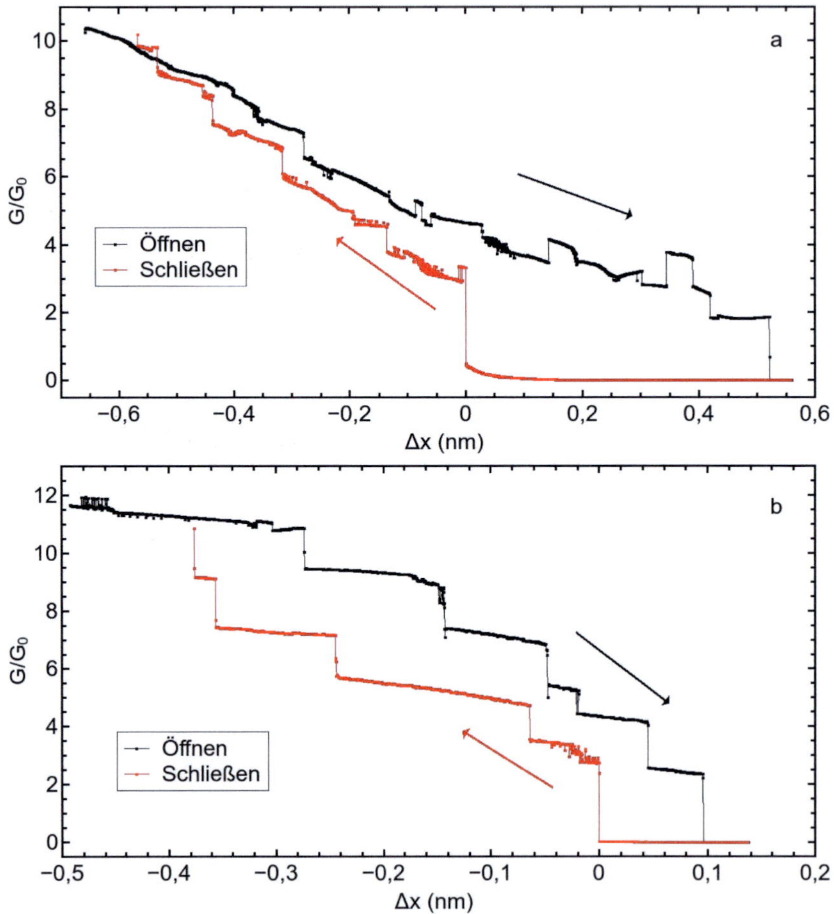

Abbildung 4.16: Leitwertmessungen an polykristalliner Ce-Probe 20130716-Ce-poly, die im Abstand von zwei Tagen aufgenommen wurden

In Abbildung 4.16 sind Leitwertmessungen an einer polykristallinen Cer-Probe dargestellt, die im Abstand von zwei Tagen aufgenommen wurden. Man erkennt sehr unterschiedliches Verhalten der Probe. Der obere Graph zeigt eine mehr oder weniger lineare Abnahme des Leitwerts mit wenigen Stufen im oberen Leitwertbereich ($G > 3\,G_0$); im unteren Bereich sind einige Sprünge zu erkennen, bei denen sich der Leitwert mit zunehmendem Δx sowohl erniedrigt als auch manchmal erhöht. Bei einem Wert von $G = 2\,G_0$ reißt der Kontakt auseinander und der Leitwert springt auf 0. Die Hysterese zwischen dieser Stufe und dem erneute Schließen beträgt hier fast 50 % des gesamten Hubs zwischen $G = 10\,G_0$ und 0. Auf dieses Verhalten wird später nochmal detailliert eingegangen. Auch bei Cer sieht man das charakteristische Ansteigen des Leitwerts beim Schließen des Kontakts, sobald der Abstand der Elektroden gering genug ist, dass ein Tunnelstrom gemessen werden kann. Der exponentielle Anstieg wird durch Gleichung 2.7 beschrieben. Der Sprung auf das erste Plateau beim Schließen hat hier eine Höhe von etwa $3\,G_0$. Dies ist sehr groß im Vergleich zu Gd und Dy, ist aber für Cer ein in dieser Arbeit häufig beobachteter Wert. Der restliche Teil des Schließvorgangs ist vergleichbar zum Öffnen. Man erkennt einige wenige Stufen, zwischen denen der Leitwert linear ansteigt. Der zum Schalten zwischen $10\,G_0$ auf $G = 0$ notwendige Hub ist mit 1,2 nm vergleichbar mit den Messungen an Dy (siehe Abbildungen 4.10 – 4.12).

Ein anderes Verhalten zeigen hingegen die Kurven in Abbildung 4.16b. Sowohl beim Öffnen als auch beim Schließen sind die Plateaus fast konstant und relativ breit. Die Stufenhöhe ist auch größer als zuvor, sie beträgt fast durchgehend deutlich mehr als $1\,G_0$. Dafür ist die Hysterese bei offenem Kontakt kleiner. Das Einsetzen des Tunnelstroms ist hier nicht zu sehen, da in dieser Messung der Sprung hin zum ersten Leitwertplateau sehr schnell auftrat. Dies führt dazu, dass die Bestimmung von Δx hier eine größere Ungenauigkeit hat. Somit ist der kleinere Hub von $\Delta x = 0{,}6$ nm zu erklären.

In Abbildung 4.17 sind zwei weitere Beispielkurven dargestellt. Man erkennt auch hier die relativ großen Stufen speziell im unteren Leitwertbereich beim Auseinanderbrechen bzw. beim Schließen des Kontakts. Besonders auffällig für Cer ist die z.T. sehr große Hysterese, die bei den vier dargestellten Messungen zwischen 0,1 nm und 0,8 nm schwankt.

Die unterschiedliche Breite der beobachteten Hysteresen hängt von den elastischen Eigenschaften, d.h. dem Elastizitätsmodul, ab. Für Cer hat sich gezeigt, dass sich die Probe beim Brechen leichter dehnen lässt als Gadolinium und Dysprosium. Das wird auch durch die Werte der Elastizitätsmodule belegt (siene Abschnitt 3.3).

Eine weitere Auffälligkeit der Messkurven an Cer ist das gelegentliche Hin- und Herspringen des Leitwerts zwischen zwei festen Leitwertstufen (siehe Abbildung 4.17b bei $\Delta x \approx -0{,}03$ nm bzw. 0,4 nm). Solch ein Verhalten bezeichnet man gemeinhin als bistabilen Zustand. Am Ende des Abschnitts 4.3 wird darauf näher eingegangen.

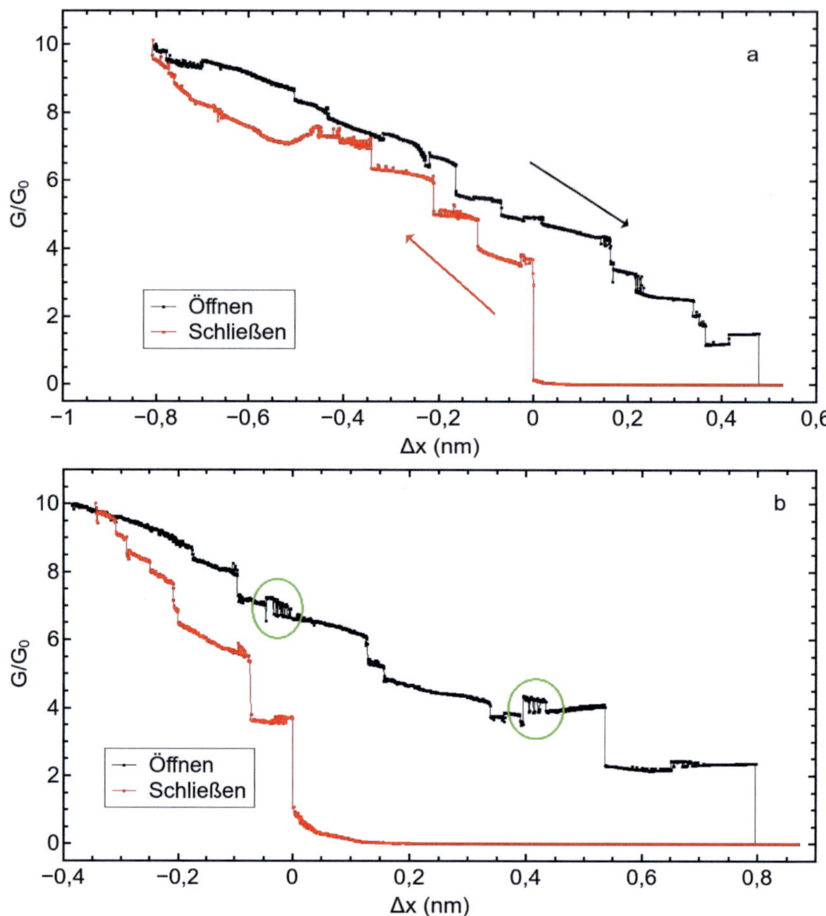

Abbildung 4.17: Leitwertmessungen an Probe 20130812-Ce-poly: In b) sind bistabile Zustände zu sehen (siehe Markierungen).

Statistische Analyse

Auch für Cer wird nun eine statistische Auswertung der durchgeführten Messungen vorgestellt. Abbildung 4.18a zeigt wieder ein Histogramm, das aus den Messdaten von 24 Brechvorgängen besteht, die in fortlaufender Messung an einer Probe aufgenommen wurden. Wie sich in den Beispielkurven schon angedeutet hat, ist bei Cer der letzte Sprung beim Öffnen ungewöhnlich groß im Vergleich zu den Messungen an Gadolinium und Dysprosium. Dies offenbart sich hier in einer Lücke im Bereich zwischen $0{,}1\,G_0$ und $1\,G_0$, der in den Messungen komplett übersprungen wird. Das Maximum, das das letzte Plateau vor dem Öffnen kennzeichnet, liegt hier bei $2{,}1\,G_0$ und liegt somit bei deutlich höheren Werten

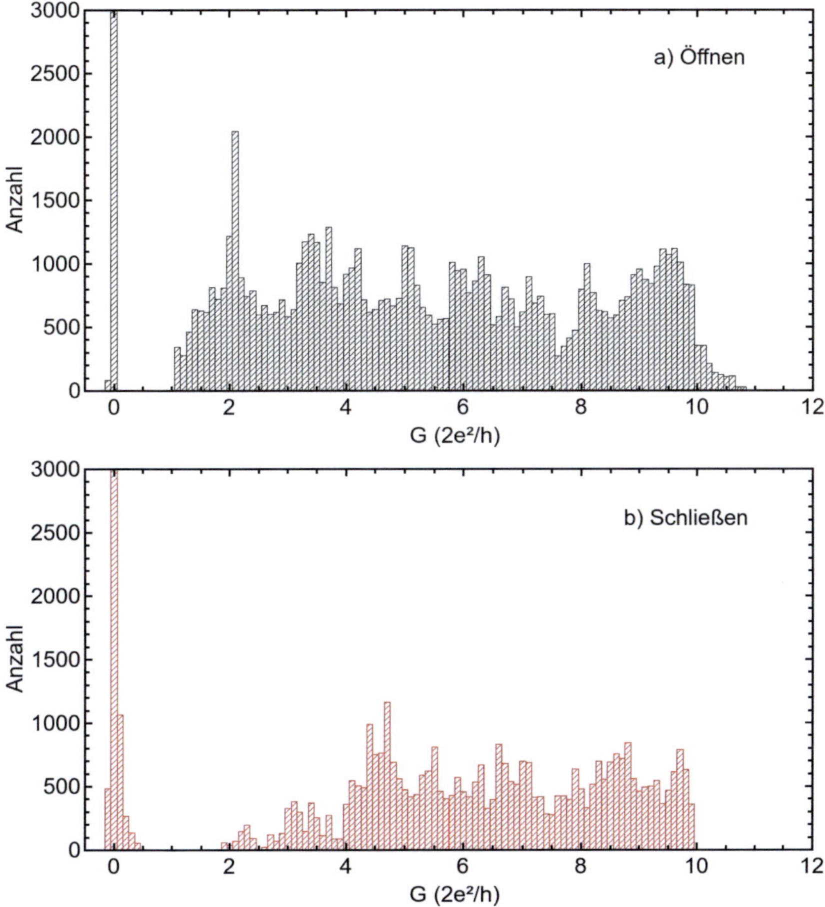

Abbildung 4.18: Leitwerthistogramm der Ce-Probe 20130716-Ce-poly-Z008 beim Öffnen (a) und Schließen (b) (aufgenommen innerhalb von 8 Stunden)

als in den Histogrammen für Gadolinium, wo dieses bei $0{,}8\,G_0$ zu sehen war, und für Dysprosium ($1\,G_0$). Im mittleren Leitwertbereich gibt es einige Maxima, die jedoch nicht in regelmäßigen Abständen vorkommen. Auch der rechte Bereich des Histogramms zeigt ein anderes Verhalten als bei Gd oder Dy, da hier keine Anhäufung zu sehen ist. Die Messungen an Cer zeigen des Öfteren einen linearen Abfall des Leitwerts nach dem Richtungswechsel bei $10\,G_0$ und kein breites Plateau.

Abbildung 4.18b zeigt das analoge Histogramm für die Messkurven beim Schließen. Die teils sehr große Hysterese macht sich hier unmittelbar bemerkbar. Der Grund dafür ist, dass der Kontakt beim Schließen sehr lange geöffnet ist. Auch hier sieht man das Einsetzen des Tunnelstroms im Bereich von $0{,}1\,G_0$ bis $0{,}4\,G_0$. Danach wird ein großer Bereich zwischen $0{,}5\,G_0$ und $1{,}8\,G_0$ komplett übersprungen. Jedoch sieht man danach im Gegensatz zu den Verteilungen bei Gd oder Dy kein klares Maximum, das das erste Plateau darstellt. Dies liegt daran, dass die Höhe des Sprungs beim Schließen sehr stark variiert und somit dem Histogramm keine deutliche Struktur verleiht.

Die in den Abbildungen 4.18a und 4.18b gezeigten Histogramme für das Öffnen und für das Schließen eines Ce-Kontakts unterscheiden sich somit deutlich von denen für Gadolinium und Dysprosium, da die Lücke zwischen geöffnetem Kontakt $(G = 0)$ und dem $P(G)$-Maximum des untersten Leitwertplateaus bei Cer deutlich größer ist. Dies ist exemplarisch an den vorgestellten Messkurven zu sehen.

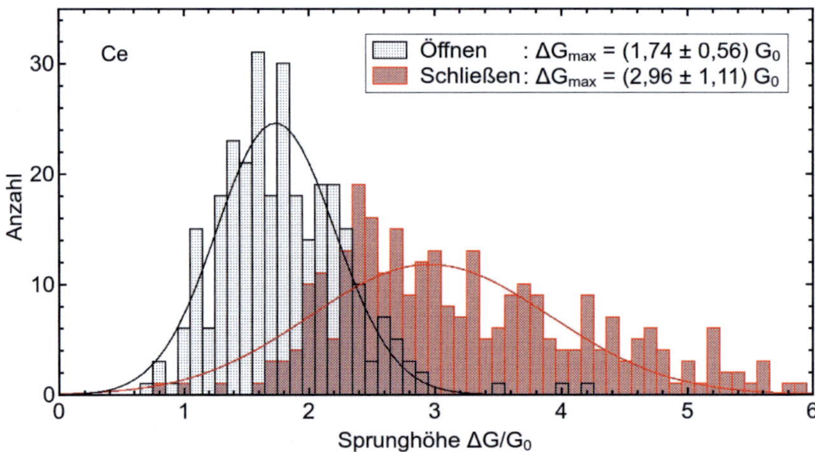

Abbildung 4.19: Sprunghöhe beim Öffnen bzw. Schließen eines Ce-Kontaktes: Die Histogramme zeigen die Verteilung der Stufenhöhe des letzten Sprungs, wenn sich der Kontakt komplett öffnet (schwarz), bzw. des ersten Sprungs, wenn sich der Kontakt wieder schließt (rot). Das Histogramm beinhaltet Messungen an 3 Proben.

Um die variierende Sprunghöhe quantitativ zu analysieren, wurden alle durchgeführten Messungen im unteren Leitwertbereich genauer betrachtet. Abbildung 4.19 zeigt die statistische Verteilung der Stufenhöhe getrennt nach Bruch- (schwarz) und Schließvorgang (rot). Für das Histogramm wurden 337 Kurven beim Öffnen und 293 Kurven beim Schließen untersucht. In den Messkurven hat man bereits gesehen, dass die unterste Stufe jeweils besonders groß ist. Dies wird eindeutig bestätigt, wenn man eine Vielzahl an Messkurven auswertet. Zur quantitativen Analyse wurde an jedes Histogramm jeweils eine Normalverteilung angepasst. Daraus ergibt sich, dass das unterste Plateau im Mittel bei $1{,}74\,G_0$ beim Öffnen und bei $2{,}96\,G_0$ beim Schließen liegt. Aber nicht nur die mittlere Stufenhöhe, sondern auch die Streuung ist hier erkennbar größer als bei Gd oder Dy. Beim Öffnen variiert die Stufenhöhe zwischen $0{,}8\,G_0$ und $2{,}9\,G_0$, beim Schließen sogar zwischen $1{,}6\,G_0$ und $5{,}9\,G_0$. Als Maß für die Breite wird wieder die halbe Halbwertsbreite herangezogen. Für die schwarze Kurve liegt sie bei $0{,}56\,G_0$, bei der roten Verteilung sind es $1{,}11\,G_0$. Beim Vergleich der beiden Histogramme stellt man fest, dass die Verteilung beim Öffnen relativ symmetrisch ist, d.h. es gibt nur sehr wenige Ausreißer auf beiden Seiten. Beim Schließen dagegen befindet sich die Stufenhöhe bei $71\,\%$ der untersuchten Kurven zwischen $2\,G_0$ und $4\,G_0$. Allerdings sind bei $24\,\%$ der Kurven beim Schließen die Sprünge auch größer als $4\,G_0$, was zu einer gewissen Asymmetrie der Verteilung führt.

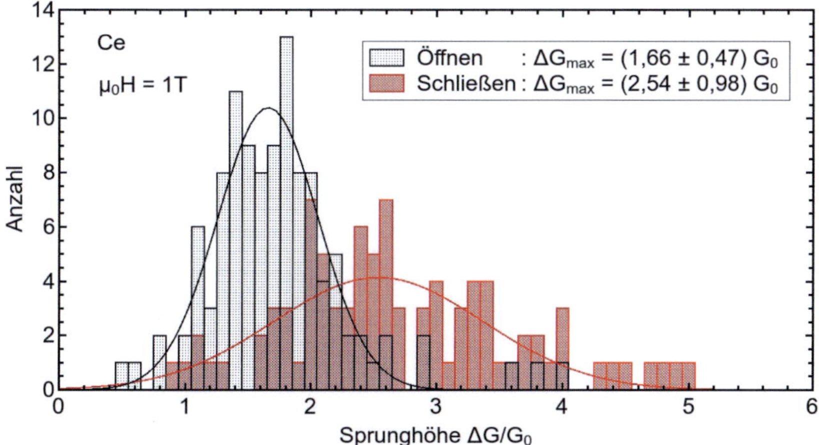

Abbildung 4.20: Sprunghöhe beim Öffnen bzw. Schließen eines Ce-Kontaktes bei $1\,\mathrm{T}$: Die Histogramme zeigen die Verteilung der Stufenhöhe des letzten Sprungs, wenn sich der Kontakt komplett öffnet (schwarz), bzw. des ersten Sprungs, wenn sich der Kontakt wieder schließt (rot). Das Histogramm beinhaltet Messungen an 2 Proben.

Die Widerstandsmessung an Cer legt nahe, dass sich die Probe zum größten Teil in der unmagnetischen fcc-Phase befindet. Deshalb wurde an weiteren Leitwertmessungen untersucht, ob ein äußeres Magnetfeld von $1\,\mathrm{T}$ einen Einfluss auf die Sprunghöhe hat. Aus diesen Messungen wurde ein entsprechendes Histogramm erstellt, das in Abbildung 4.20 dargestellt ist. Offensichtlich ändert das Magnetfeld wenig an den Verteilungen. Das Maximum beim Öffnen liegt bei $1{,}66\,G_0$ und verschiebt sich beim Schließen um einen Faktor von $1{,}53$ hin zu $2{,}54\,G_0$. Auch die Breite ist mit $0{,}47\,G_0$ bzw. $0{,}98\,G_0$ vergleichbar mit dem Ergebnis ohne Magnetfeld.

Bistabile Zustände

Wie bereits erwähnt, sieht man in Cer häufig eine Fluktuation des Leitwerts zwischen zwei festen Werten. Man spricht in solch einem Fall von einem bistabilen Zustand, der durch zwei stabile Atomkonfigurationen hervorgerufen wird, die nur durch eine kleine Potenzialbarriere ΔU energetisch voneinander getrennt sind. Um die Barriere zu überwinden, muss die thermische Energie $k_B T$ im Bereich von ΔU liegen. Dieses Hin- und Herspringen ist speziell bei einer frisch gebrochenen Probe im Kontaktbereich möglich, wodurch sich der Leitwert merklich ändert, da mit jeder atomaren Umordnung im Nanokontakt auch eine Änderung des Leitwerts verbunden ist.

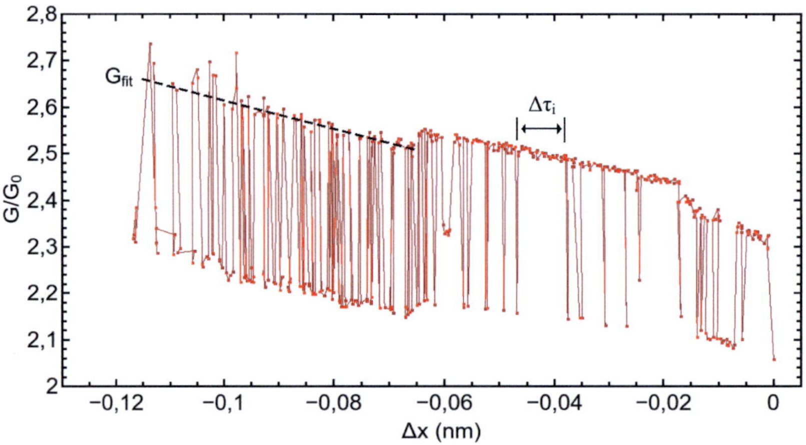

Abbildung 4.21: Bistabiler Zustand bei Cer in Probe 20130812-Ce-poly: Der Leitwert springt zwischen zwei Werten, wobei die Besetzung im linken Bereich vergleichbar ist. Die kleine Stufe bei $\Delta x = -0{,}065\,\mathrm{nm}$ verändert die Besetzungswahrscheinlichkeit deutlich.

In Abbildung 4.21 ist ein solches Beispiel gegeben. Man erkennt zwei Zustände, die im linken Bereich fast gleich stark besetzt sind. Bei $\Delta x = -0{,}065\,\mathrm{nm}$ gibt es dann eine kleine Stufe, wonach sich die Besetzungszahlen der beiden Zustände deutlich verändern. Aus dem Besetzungsverhältnis und der Häufigkeit der Übergänge kann man nun die mittlere Lebensdauer eines Zustands und die Energiedifferenz der beiden Zustände bestimmen [53, 54]. Dies soll hier für den linken Bereich ($\Delta x < -0{,}065\,\mathrm{nm}$) skizziert werden. Dazu muss der näherungsweise lineare Hintergrundverlauf $G_{fit}(\Delta x)$ des Leitwerts abgezogen werden. Die Häufigkeit N_i, also die Angabe, wie oft sich das System bei einer festen Temperatur über eine Zeitdauer Δt im Zustand i befindet, ist gegeben durch

$$N_i \propto \exp\left(-\frac{\Delta t}{\tau_i}\right) \tag{4.1}$$

wobei τ_i die mittlere Lebensdauer des Zustands i ist. Dabei wurde Δt als Verweildauer im "unteren" oder "oberen" Leitwert aus Abbildung 4.21 bestimmt. Abbildung 4.22 stellt diese Abhängigkeit für beide Niveaus semilogarithmisch dar. Aus der Steigung der Geraden kann die mittlere Verweildauer in einem Zustand bestimmt werden. Es ergibt sich $\tau_{oben} = (294 \pm 50)$ ms für den Zustand mit dem größeren bzw. $\tau_{unten} = (153 \pm 18)$ ms für den Zustand mit dem kleineren Leitwert. An der Stelle muss jedoch betont werden, dass diese Werte bereits im Bereich der zeitlichen Auflösung der Messanordnung liegen. Aufgrund der Datenaufnahme über die GPIB-Schnittstelle vergehen im Mittel zwischen der Erfassung zweier Datenpunkte etwa 175 ms.

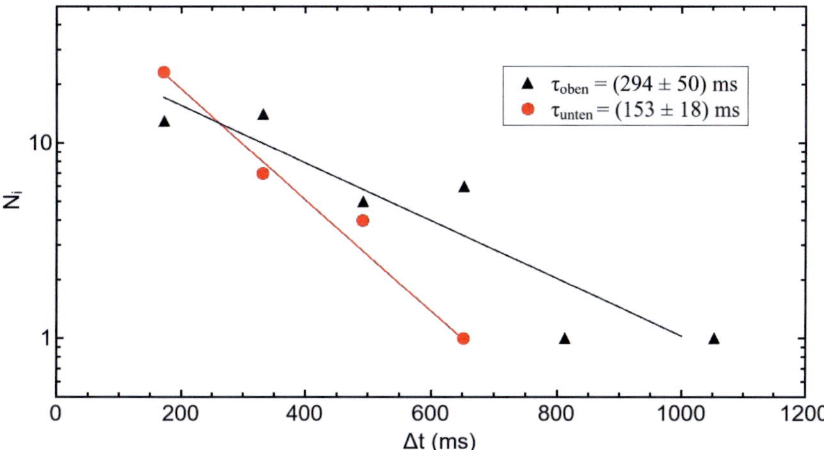

Abbildung 4.22: Semilogarithmische Auftragung zur Bestimmung der mittleren Lebensdauer eines Zustands

Die statistische Verteilung der Besetzungszahlen (siehe Abbildung 4.23) kann nun mit Gaußfunktionen gefittet werden:

$$N_{counts}(G) = \sum_i C_i \exp\left(-\frac{1}{2}((G - G_i)/w_i)^2\right) \tag{4.2}$$

Die Flächen unter den Gaußkurven $A_i = C_i\sqrt{2\pi w_i}$ stehen für die statistische Gewichtung der einzelnen Zustände. Das Verhältnis

$$\frac{A_1}{A_2} = \exp\left(-\frac{E_2 - E_1}{k_B T}\right) \tag{4.3}$$

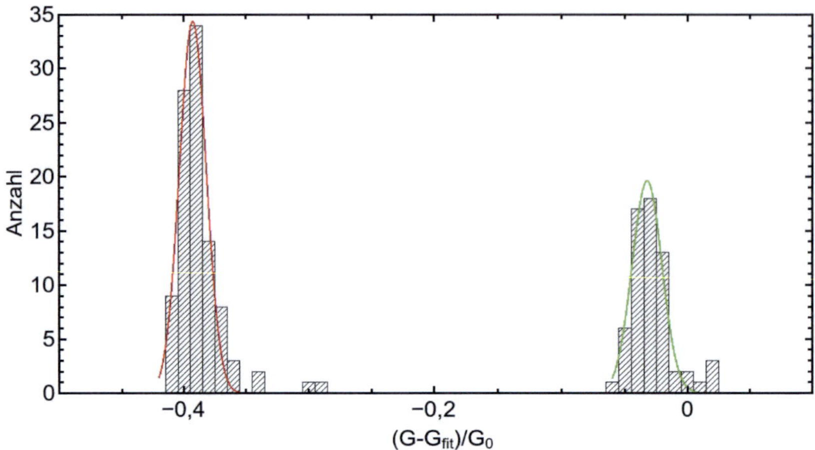

Abbildung 4.23: Statistische Verteilung der Besetzung eines bistabilen Zustands

folgt der Boltzmann-Verteilung, aus der man dann die Energiedifferenz bestimmen kann. Mit $A_1 = 9{,}134 \cdot 10^{-2}$, $A_2 = 1{,}361 \cdot 10^{-1}$ und $T = 4{,}2\,\mathrm{K}$ ergibt sich für die Energieaufspaltung $\Delta E = 0{,}144\,\mathrm{meV}$. Dieses Ergebnis ist für die Messung vernünftig, denn die thermische Energie bei $4{,}2\,\mathrm{K}$ ist mit $0{,}36\,\mathrm{meV}$ deutlich größer. Somit ist die Änderung des Leitwerts zwischen den beiden bistabilen Zuständen aufgrund thermischer Aktivierung erklärbar. Der Bereich $\Delta x = -0{,}065$ bis $0\,\mathrm{nm}$ enthält zu wenige Sprünge für eine statistisch signifikante Analyse. Man erkennt jedoch, dass der obere Zustand im rechten Bereich deutlich stärker besetzt ist und die Sprünge seltener sind. Dies deutet auf eine größere Energiedifferenz ΔE zwischen den beiden Zuständen hin.

Ein weiteres Beispiel ist in Abbildung 4.24 gegeben. Man erkennt einen leicht gekrümmten Hintergrund, der beiden Zuständen zugrunde liegt. Eine analoge Berechnung führt zu einer Energiedifferenz von $\Delta E = 0{,}199\,\text{meV}$, was im gleichen Energiebereich wie im Beispiel zuvor liegt und somit ebenfalls durch thermische Fluktuationen erklärbar ist. Die Besetzung von "Zwischenstufen" im Bereich kleiner und großer Werte von Δx deutet auf ein komplexeres Mehrniveau-System hin.

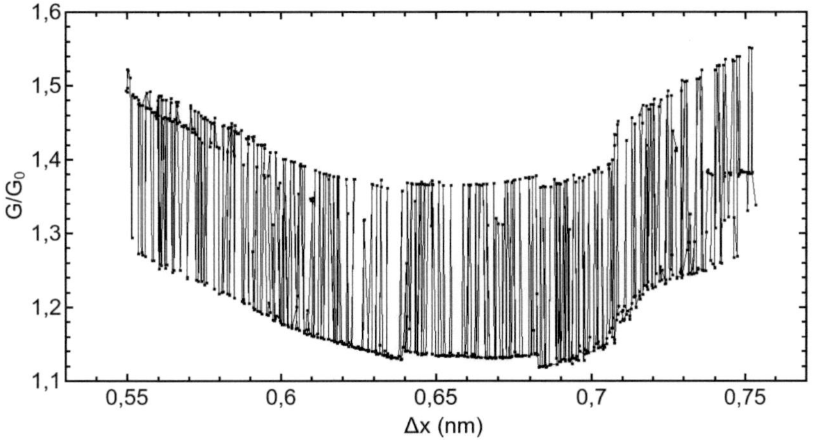

Abbildung 4.24: Weiteres Beispiel eines bistabilen Zustands in Cer

4.4 Yttrium

Um einen Vergleich mit einem Material zu haben, das nicht magnetisch ordnet, wurden zusätzlich noch Referenzmessungen an Yttrium durchgeführt, dessen mechanische Eigenschaften denen der Seltenen Erden sehr ähnlich sind. Diese Messungen und Auswertungen erfolgten nach demselben Schema wie die zuvor beschriebenen Untersuchungen. Hierbei soll lediglich das Schaltverhalten des Kontakts, d.h. die Höhe der letzten Stufen beim Öffnen bzw. beim Schließen der Probe, als Vergleich herangezogen werden.

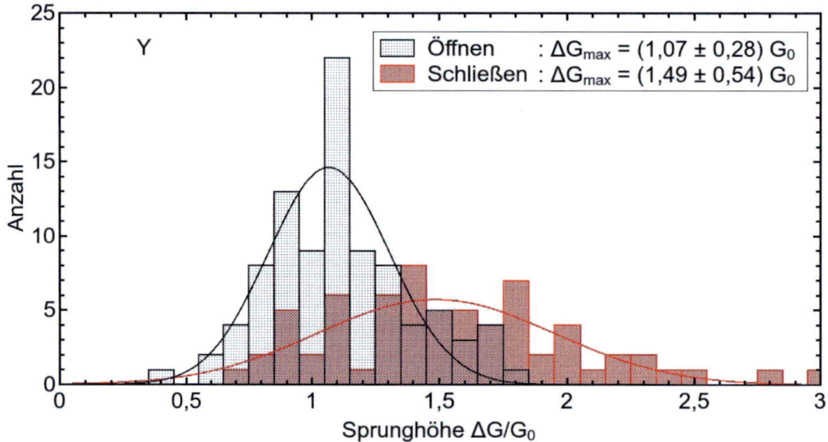

Abbildung 4.25: Sprunghöhe beim Öffnen bzw. Schließen eines Y-Kontakts: Die Histogramme zeigen die Verteilung der Stufenhöhe beim Öffnen (schwarz) und Schließen (rot) der Probe. Die Messungen wurden an zwei Proben durchgeführt.

Die in Abbildung 4.25 dargestellten Histogramme umfassen 93 Messkurven beim Öffnen und 68 beim Schließen. Dabei wurden auch Daten aus früheren Messungen [31] berücksichtigt. Auch hier steht jeder Zähler für eine einzelne Messkurve. Man erkennt, dass die Streuung der Stufenhöhe beim Öffnen zwischen $0{,}4\,G_0$ und $1{,}8\,G_0$ liegt und somit etwas geringer ist als beim Schließen ($0{,}7\,G_0$ bis $3{,}2\,G_0$). Zur genaueren Analyse wurden die Verteilungen wieder mit jeweils einer Gaußkurve gefittet. Daraus ergibt sich für die schwarze Kurve ein Maximum bei $1{,}07\,G_0$. Das Maximum der roten Kurve liegt bei $1{,}48\,G_0$ und ist somit um den Faktor 1,38 verschoben. Dies erklärt sich analog zu den Betrachtungen in den Abschnitten zuvor dadurch, dass der Kontakt beim Öffnen etwas in die Länge gezogen wird und am Ende vermutlich einatomig ist. Dagegen sind beim Schließen die Elektroden meist etwas gegeneinander verschoben, weswegen sie dann an mehreren Stellen gleichzeitig wieder in Kontakt kommen können. Dass dies von Messung zu Messung verschieden ist, sieht man an der Breite der Verteilung. Als Maß

64

dafür wird die halbe Halbwertsbreite genommen, die bei der schwarzen Kurve bei $0{,}28\,G_0$ liegt. Die rote Kurve ist mit $0{,}54\,G_0$ fast doppelt so breit.

Wie in Kapitel 5 zu sehen sein wird, ist das Histogramm für die an Yttrium durchgeführten Messungen sowohl in Bezug auf die Position der Verteilungen als auch deren Breite mit den Histogrammen für Gadolinium und Dysprosium vergleichbar, wohingegen es deutliche Unterschiede zum Histogramm für Cer gibt.

Kapitel 5

Diskussion

In Kapitel 4 wurden für jedes der untersuchten Elemente einige beispielhafte Messkurven gezeigt. Beim Vergleich der einzelnen Kurven kann man bereits Unterschiede und Gemeinsamkeiten im Verhalten der Nanokontakte beobachten. Da jeder Kontakt, d.h. jede neue atomare Konfiguration der Kontaktfläche, anders aussieht, ist es sinnvoll, die charakteristischen Eigenschaften jedes Elements zu betrachten, wofür die erstellten Histogramme der Höhe des untersten Leitwertplateaus gut geeignet sind. Um die Histogramme quantitativ vergleichen zu können, werden im Folgenden die daran angepassten Normalverteilungen analysiert. In den Abbildungen 5.1 und 5.2 sind die Histogramme der vier Elemente nochmals zum Vergleich auf derselben Skala dargestellt. Die Parameter der Normalverteilungen (Position des Maximums und die Breite) sind in den jeweiligen Schaubildern gezeigt.

5.1 Unterschiede zwischen Öffnen und Schließen

Auffällig ist die unterschiedliche Position des Maximums der "Öffnen"-Kurve für Ce im Vergleich zu Gd, Dy, und Y. Dieses liegt bei $0{,}6\,G_0$ für Gadolinium, bei $0{,}87\,G_0$ für Dysprosium, bei $1{,}07\,G_0$ für Yttrium und bei $1{,}74\,G_0$ für Cer. Dieser erhöhte Leitwert des untersten Plateaus bei Cer wird gesondert im Kapitel 5.2 diskutiert.

Weiterhin stellt man fest, dass in den Histogrammen die "Schließen"-Kurve jeweils gegen die "Öffnen"-Kurve um einen Faktor von $1{,}4 - 1{,}7$ verschoben und verbreitert ist. Im Folgenden soll die relative Verschiebung und Verbreiterung der Kurven zwischen Öffnen und Schließen diskutiert werden.

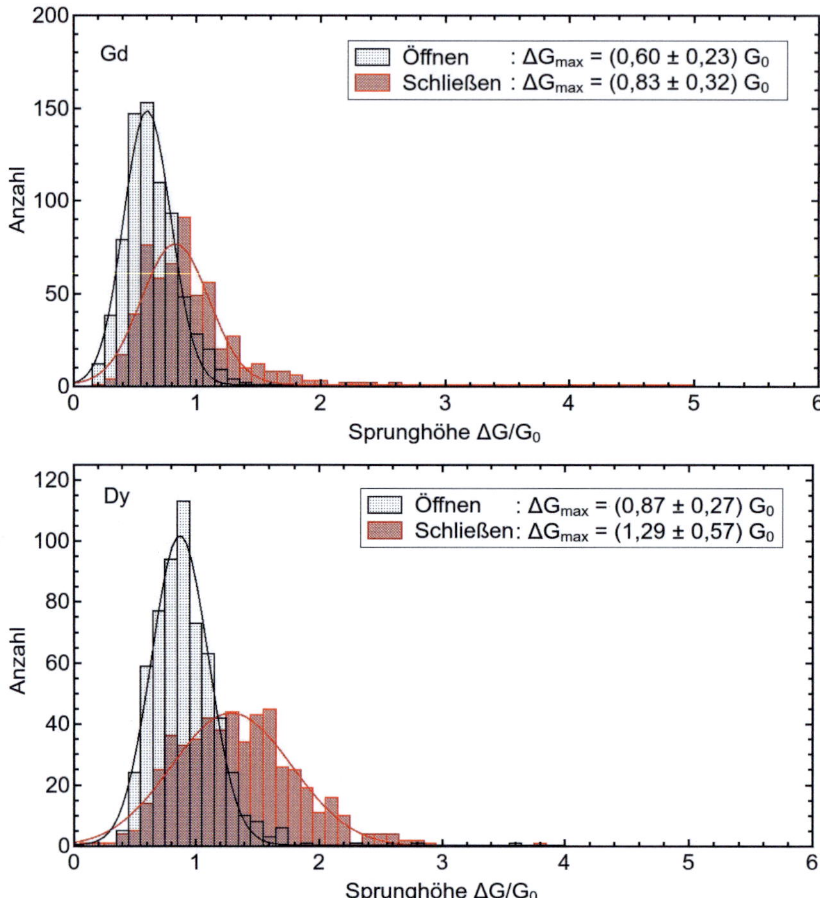

Abbildung 5.1: Höhe des letzten Leitwertsprungs beim Öffnen bzw. Schließen eines Nanokontakts in Gadolinium (a) und Dysprosium (b): Daten aus den Abbildungen 4.8 und 4.15 auf einheitlicher Skala.

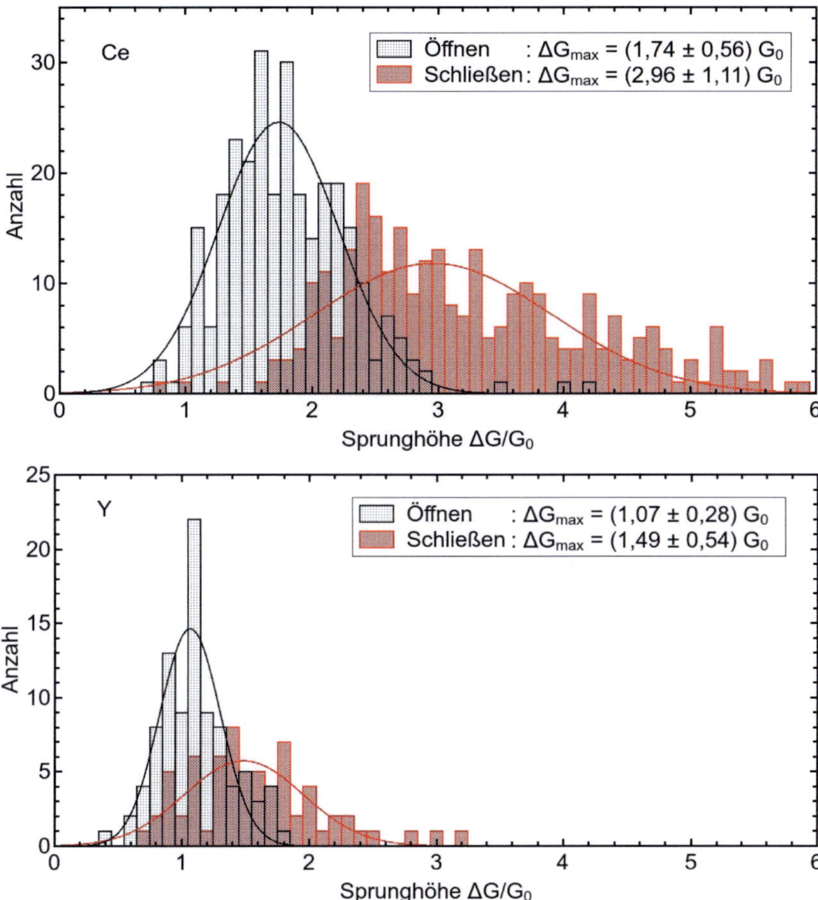

Abbildung 5.2: Höhe des letzten Leitwertsprungs beim Öffnen bzw. Schließen eines Nanokontakts in Cer (a) und Yttrium (b): Daten aus den Abbildungen 4.19 und 4.25 auf einheitlicher Skala.

Wie die Anzahl der untersuchten Kontakte in den Abbildungen 5.1 und 5.2 zeigt, wurden die Histogramme aus Hunderten von Messungen an mehreren Proben durchgeführt, also auch an frisch gebrochenen Proben. Bei den ersten Zyklen, die aus Öffnen und Schließen bestehen, finden plastische Verformungen statt. Beim Öffnen kann sich dabei aufgrund der großen Zugspannungen im Kontaktbereich die atomare Anordnung beim Auseinanderreißen ändern. Nach mehrmaligem Schalten zwischen geöffnetem und geschlossenem Kontakt stellt sich eine Konfiguration ein, die reproduzierbare $G(\Delta x)$-Messungen erlaubt. Dieses Kontakt-Training wurde bereits in Abschnitt 3.3 anhand Abbildung 3.6 beschrieben. Der letzte Sprung vor dem Öffnen zeigt damit das Verhalten eines Kontakts, dessen Konfiguration sich mit großer Wahrscheinlichkeit aufgrund des Kontakt-Trainings bei aufeinander folgenden Messungen ähnelt. Nach vollständigem Öffnen des Kontakts relaxieren beide Elektroden teilweise [55].

Die relaxierten Elektroden erlauben aufgrund der stumpfen Bruchfläche (siehe REM-Aufnahmen in Abschnitt 3.1) die Bildung eines erneuten metallischen Kontakts aus einer Vielzahl möglicher Kontaktkonfigurationen. Bei Annäherung beider Elektroden beobachtet man in der Regel einen Tunnelstrom, der auf die Bildung eines metallischen Kontakts bei weiterer Verkleinerung des Abstands hinweist. An welchen Stellen und in welcher atomaren Struktur beide Elektroden sich schließlich wieder zu einem metallischen Kontakt formieren, kann im Experiment nicht kontrolliert werden. Eine weitere Möglichkeit ist die Bildung mehrerer atomarer Kontakte bei Annäherung der Elektroden innerhalb der zeitlichen Auflösung der Messung. Bei dem hier vorgestellten Experiment beträgt die Zeitspanne zwischen der Erfassung zweier Datenpunkte im Mittel etwa 175 ms. Diese relativ lange Zeitdauer kann einen eventuellen Doppelsprung des Leitwerts beim Schließen eines Parallelkontakts zeitlich nicht auflösen. Somit würden z.B. die Beiträge eines Doppelkontakts zum Gesamtleitwert einen Leitwertsprung der doppelten Höhe wie bei einem einatomaren Kontakt verursachen. Das Auftreten von Doppelkontakten wird an Punktkontakten und in der Rastertunnelmikroskopie des Öfteren beobachtet [56, 57, 58, 59, 60]. Dies würde die Verschiebung des Maximums der Verteilung beim Schließen zu höheren Leitwerten im Vergleich zum Maximums der Verteilung beim Öffnen erklären. Ob dies tatsächlich der Fall sein kann, müssen zukünftige Messungen mit höherer zeitlicher Auflösung oder an nanostrukturierten Bruchkontakten mit deutlich kleineren Bruchflächen zeigen.

5.2 Vergleich der untersuchten Elemente

Wie am Anfang des Kapitels erwähnt, zeigen die wichtigsten Eigenschaften der Histogramme (Position des Maximums und Breite) nicht nur Unterschiede beim Öffnen bzw. beim Schließen eines Nanokontakts der einzelnen Elemente, sondern die Maxima der Verteilungen bei den vier Elementen liegen auch bei verschiedenen Leitwerten. So sind die Werte bei Gadolinium am kleinsten, sind aber ähnlich denen für Dysprosium und Yttrium. Es ist jedoch auffällig, dass bei Cer die Position des Maximums ΔG_{max} um einen Faktor 3 größer ist als bei Gd.

	Öffnen $\Delta G_{max}/G_0$	Schließen $\Delta G_{max}/G_0$
Gd	$0{,}60 \pm 0{,}25$	$0{,}83 \pm 0{,}32$
Dy	$0{,}87 \pm 0{,}27$	$1{,}29 \pm 0{,}57$
Ce	$1{,}74 \pm 0{,}56$	$2{,}96 \pm 1{,}11$
y	$1{,}07 \pm 0{,}28$	$1{,}49 \pm 0{,}54$

Tabelle 5.1: Position der Maxima und Breite der Histogramme in Abb. 5.1 und 5.2

Die Elemente unterscheiden sich sowohl in ihren elektronischen als auch ihren magnetischen Eigenschaften. Deshalb werden im Folgenden drei Fragen diskutiert:

1. Wird der Leitwert in diesen Materialien durch die Spinpolarisation P beeinflusst?

2. Wie macht sich die Elektronenkonfiguration, d.h. die unterschiedliche Valenz, in den Seltenen Erden auf den Transport durch Nanokontakte bemerkbar?

3. Welche Rolle spielt die energetische Lage der elektronischen Zustände für die Position des letzten Leitwertniveaus?

Der Magnetismus kann ebenfalls den elektronischen Transport beeinflussen. Speziell haben wir es hier mit zwei ferromagnetischen Elementen zu tun (Gd und Dy). Bei Cer kann es, wie beschrieben, eine Mischphase aus hexagonalen (magnetischen) und kubischen (unmagnetischen) Bereichen geben. Die dhcp-Phase ordnet antiferromagnetisch, wohingegen Yttrium unmagnetisch ist.

In den Seltenen Erden wird die Magnetisierung durch den Beitrag der $4f$-Elektronen dominiert. Jedoch tragen sie wegen der starken Lokalisierung unterschiedlich zum elektrischen Transport bei. Die Spinpolarisation hat verschiedene Definitionen, die durch verschiedene Messmethoden zugänglich sind [61]. Eine Definition betrachtet die unterschiedlichen Zustandsdichten der aufgespaltenen Bänder an der Fermi-Kante, $D_\uparrow(E_F) \neq D_\downarrow(E_F)$:

$$P_D = \frac{D_\uparrow - D_\downarrow}{D_\uparrow + D_\downarrow} \tag{5.1}$$

Diese ist über die Messung der spinpolarisierten Photoemission zugänglich.

Die Spinpolarisation der Leitungselektronen in ferromagnetischen Materialien kann auch mit Messungen des differenziellen Leitwerts $\mathrm{d}I/\mathrm{d}U(eU)$ in F/I/S-Tunnelkontakten (Ferromagnet/Isolator/Supraleiter) ermittelt werden, wie 1971 von P. M. Tedrow und P. Meservey zuerst gezeigt wurde [62, 63, 64]. Der elektrische Transport wird nicht nur durch die Zustandsdichte, sondern auch durch unterschiedliche mittlere Stoßzeiten ($\tau_\uparrow \neq \tau_\downarrow$) bestimmt. Die Messung des Tunnelstroms in F/I/S-Kontakten gibt Rückschlüsse auf die Beiträge der beiden Bänder mit $m_s = \pm\frac{1}{2}$ zum elektrischen Transport, $J_\uparrow$ und $J_\downarrow$. Die "Transport"-Definition der Spinpolarisation ist durch

$$P_J = \frac{J_\uparrow - J_\downarrow}{J_\uparrow + J_\downarrow} \tag{5.2}$$

gegeben mit der Stromdichte $J_\sigma \sim e^2 E \langle Nv^2 \rangle_\sigma \tau_\sigma$ ($\sigma = \uparrow, \downarrow$) im einfachen Drude-Modell.

	Gd	Dy	Fe	Co	Ni
P_J (SPT)	14,1 %	6,8 %	44 %	42 %	33 %
P_D (PE)	5,3 %	-	54 %	21 %	25 %

Tabelle 5.2: Spinpolarisation P_J und P_D von Gd und Dy sowie zum Vergleich von Fe, Co und Ni, bestimmt durch spinpolarisierte Tunnelexperimente (SPT) [64, 65, 66, 67, 68] und Photoemission (PE) [69, 70, 71]

Die gemessene Spinpolarisation ist verschieden, je nachdem welche Messmethode angewandt wird (siehe Tabelle 5.2). Die Werte variieren in der Literatur zusätzlich, wenn Korrekturterme, wie z.B. Spin-Bahn-Streuung, berücksichtigt werden [63, 72]. Bereits 2002 gab es einige Untersuchungen an den 3d-Übergangsmetallen Co und Ni sowie an Pd, Pt und Cu, die eine Quantisierung des Leitwerts in Einheiten von $e^2/h = \frac{G_0}{2}$ zeigten [73, 74, 75, 76, 77, 78]. Diese wurden jedoch sehr kontrovers diskutiert und konnten durch weitere Untersuchungen nicht bestätigt werden [79, 80, 81, 82].

Laut Tabelle 5.1 ist sowohl für Gadolinium als auch für Dysprosium $\Delta G_{max} < G_0$ beim Öffnen. Zur Erklärung der Tatsache, dass der Leitwert G kleiner als das Leitwertquant G_0 sein kann, gibt es zwei Möglichkeiten. Einerseits sind die Transmissionskoeffizienten in den meisten Materialien kleiner als 1. Ist $\sum_i \tau_i < 1$, so gilt $G < G_0$. Die Anzahl der Transportkanäle und deren Transmissionskoeffizienten sind für Gd und Dy jedoch nicht bekannt. Vermutlich werden die Transportkanäle durch die s- und d-Elektronen im Leitungsband dominiert. Andererseits wäre durch eine vollständige Spinpolarisation, d.h. $P = 1$, der Leitwert kleiner als G_0 [55]. Dazu müsste einer der Beiträge der beiden Spinbänder verschwinden, also entweder $J_\uparrow = 0$ oder $J_\downarrow = 0$. Der elektrische Transport wird jedoch durch die delokalisierten Leitungselektronen bestimmt, die bei Gd und Dy nur wenig durch die $4f$-Momente polarisiert sind. Daher ist es überraschend, dass für Gd und Dy beim Öffnen das Maximum von $P(\Delta G)$ bei $0{,}6\,G_0$ bzw. $0{,}87\,G_0$ beobachtet wird.

Insbesondere kann die Erhöhung des Leitwertsprungs bei Cer nicht durch den Magnetismus erklärt werden, denn neben den bisherigen Berichten über eine mögliche "halbzahlige" Quantisierung gibt es keine Hinweise, dass das Leitwertquant größer als $G_0 = 2e^2/h$ sein könnte. Deshalb muss die Ursache der Erhöhung elektronischer Natur sein. Es ist z.B. bekannt, dass die Elektronenkonfiguration die Zahl der Transportkanäle beeinflusst [26, 83, 84]. Beim Blick auf die Elektronenkonfiguration der untersuchten Elemente stellt man fest, dass sich deren Valenz deutlich unterscheidet. So haben Gd, Dy und Ce neben der [Xe]-Konfiguration eine volle $6s$-Schale, die zusammen mit dem $5d$-Elektron bei Cer und Gadolinium bzw. mit einem der $4f$-Elektronen bei Dysprosium das Leitungsband bildet. Jedoch variiert die Anzahl der besetzten $4f$-Orbitale bei den positiv geladenen Atomrümpfen im Metall deutlich zwischen Cer ($[Xe]\,4f^1$), Gd ($[Xe]\,4f^7$) und Dy ($[Xe]\,4f^9$). Yttrium hat zwar als freies Atom eine teilweise besetzte $4d$-Schale ($[Kr]\,4d\,5s^2$); der Atomrumpf ist aber im Volumen genau wie die Seltenen Erden dreifach geladen und deshalb unmagnetisch.

Die Bandstruktur für Gadolinium, Dysprosium und Cer zeigt einen signifikanten Unterschied, betreffend die Position des $4f$-Bandes. So sind beispielsweise bei Gadolinium die $4f$-Orbitale deutlich stärker gebunden als die $6s$- und die $5d$-Zustände. Der Abstand des $4f$-Bandes zum energetisch höher gelegenen $5d$-Band liegt bei etwa 8 eV [85, 86]. Es gibt also bei Gadolinium eine deutliche Trennung des Valenzbandes vom Leitungsband, weswegen es nicht möglich ist, die Besetzung des Leitungsbandes durch thermische Anregungen oder durch Phasenübergänge zu verändern. Es besteht aufgrund des großen energetischen Abstands nur eine geringe Hybridisierung zwischen den $4f$- und den Leitungsband-Elektronen ($5d$ und $6s$).

Bei Cer hingegen findet man, dass der Abstand zwischen Valenzband und Leitungsband deutlich geringer ist als bei schwereren Selten-Erd-Elementen wie beispielweise Gadolinium oder Dysprosium. Dies ist in Abbildung 5.3 schematisch skizziert. Die Bindungsenergie der $4f$-Orbitale bezogen auf die Fermi-Energie liegt bei etwa 0,2 eV und ist somit deutlich kleiner als typische $4f$-Bindungsenergien bei anderen Seltenen Erden [87]. Jedenfalls ist deshalb die Hybridisierung deutlich stärker als bei Gd oder Dy. Somit hat das $4f$-Band in Cer einen deutlich stärkeren Einfluss auf das Transportverhalten als bei Gadolinium und Dysprosium.

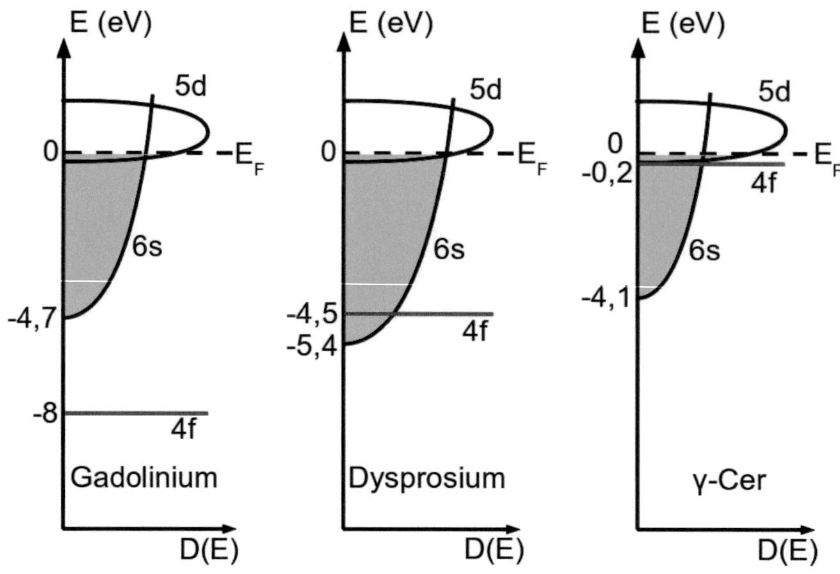

Abbildung 5.3: Schematische Darstellung der Position des $4f$-Niveaus bezüglich des Leitungsbandes in Gadolinium [85, 88], Dysprosium [86, 88] und γ-Cer [87, 88]. Die energetische Lage der Unterkante des $6s$-Bands und des $4f$-Niveaus sind den entsprechenden Arbeiten entnommen.

Das Phasendiagramm für Cer ist in Abbildung 5.4 dargestellt. Die energetische Lage des $4f$-Niveaus spielt beim strukturellen Phasenübergang von γ- zu α-Cer eine wichtige Rolle. In der Literatur wird diskutiert, dass dieser möglicherweise einhergeht mit einer Verschiebung des $4f$-Niveaus in Richtung Fermi-Energie [87], d.h. das $4f$-Elektron wird in Richtung des Leitungsbandes der $5d$- und $6s$-Elektronen angehoben bzw. die Lokalisierung des $4f$-Elektrons wird abgeschwächt. Dabei wird ein vergrößerter Überlapp der Wellenfunktionen des $4f$-Orbitals mit den Elektronen im Leitungsband erzeugt. Dies wird durch Messungen der Valenz von Cer-Atomen im Festkörper bekräftigt. Mittels Röntgenabsorptionsmessungen wurden für die Cer-Ionen Ce$^{\nu+}$ Werte von $\nu \simeq 3$ für γ-Cer und ein erhöhter Wert von $\nu \approx 3{,}25$ für α-Cer gefunden [89]. Dies ist ein Hinweis auf Valenzfluktuationen in α-Cer. Diese können auftreten, wenn es für das $4f$-Valenzelektron energetisch günstiger ist, zwischen zwei Zuständen zu springen. Im Fall von α-Cer sind das die Zustände, in denen das Valenzelektron zwischen dem $4f$-Niveau und dem Leitungsband fluktuiert [90, 91]. Dies deutet darauf hin, dass Cer in der α-Phase keine vollständige Ionisierung Ce^{4+} aufweist, sondern dass die Energielücke zwischen "Valenzelektron" und Leitungsband nur etwas geringer ist als bei γ-Cer. Beim Phasenübergang von γ- zu α-Cer überwiegt der Energiegewinn durch die verstärkte Hybridisierung gegenüber der zur Anhebung des Niveaus benötigten kinetischen Energie. Der Übergang geht einher mit einer deutlichen

Volumenänderung ($\sim 15\,\%$). Dieser "Kondovolumenkollaps" beschreibt die Änderung des Zustands $4f^1$ zu $4f^0$ [92, 93]. Neuere Arbeiten betonen den Einfluss der Spin-Bahn-Wechselwirkung auf das Phasendiagramm von Cer, insbesondere auf den $\gamma - \alpha -$ Übergang [42]. Leider konnte durch die in dieser Arbeit vorgestellten Messungen der Zustand der Cer-Probe bei tiefen Temperaturen nicht genauer bestimmt werden. Die Ergebnisse legen jedoch nahe, dass das delokalisierte $4f$-Elektron in Cer zum elektrischen Transport beiträgt und dadurch ein zusätzlicher Transportkanal geöffnet wird.

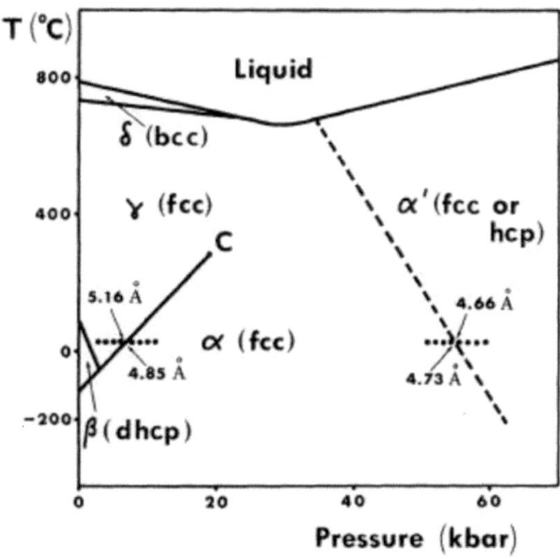

Abbildung 5.4: $p - T$-Phasendiagramm von Cer [94]

Zur Bestätigung dieser Erklärung wäre es deshalb interessant, die Messungen an Cer bei höheren Temperaturen (oberhalb der Temperatur des strukturellen Phasenübergangs) fortzuführen, um zu untersuchen, ob es durch die verschiedenen Lagen des $4f$-Niveaus zu einer entsprechenden Änderung der Histogramme kommt. Darüber hinaus ist es möglich, unterschiedliche Anteile der α-, β- und γ-Phase in der Probe durch unterschiedliche Wärmebehandlung bzw. rasches Abkühlen einzustellen, da die Übergänge stark hysteretisch sind. Entsprechende Messungen an Punktkontakten könnten zum Verständnis der elektronischen Eigenschaften von Cer beitragen.

Kapitel 6

Zusammenfassung

Im Rahmen dieser Arbeit wurde der elektrische Transport durch Nanokontakte an polykristallinen Proben der Seltenen Erden Gadolinium, Dysprosium und Cer sowie an Yttrium als Referenz für ein unmagnetisches Material untersucht. Cer besitzt ein $4f$-Elektron; bei Gadolinium ist die $4f$-Schale halb gefüllt $(4f^7)$, was zu einem verschwindenden Bahndrehimpuls $L = 0$ führt, d.h. $S = 7/2$, wohingegen bei Dysprosium $(4f^9)$ der Gesamtdrehimpuls $J = 15/2$ ist.

Die Messungen wurden allesamt in einem Heliumbadkryostat bei einer Temperatur von $T = 4{,}2\,\mathrm{K}$ durchgeführt. Zur Steuerung der Kontakte wurde die Methode der mechanisch kontrollierten Bruchkontakte verwendet. Aus dem exponentiellen Verlauf des Stroms als Funktion des Abstands der Kontakte im Tunnelbereich konnte die Änderung des Abstands Δx berechnet werden, woraus sich eine Abhängigkeit $G(\Delta x)$ ergab. Beim Zusammenführen der Elektroden zu einer metallischen Brücke werden mehr oder weniger konstante Plateaus im Leitwert G beobachtet, zwischen denen sich G abrupt ändert. Ähnliches Verhalten tritt – mit einer gewissen Hysterese – auch beim Öffnen der Kontakte auf. Dieses Resultat deckt sich mit vielen anderen Messungen und wird mit der Transmission von Elektronenmoden erklärt.

Zur Analyse des Leitwerts wurde der Fokus auf den Bereich der Messungen gerichtet, in dem der metallische Kontakt in einen Tunnelkontakt übergeht, d.h. wenn der Kontakt komplett geöffnet oder wieder geschlossen wird. Trägt man in einem Histogramm die Häufigkeit der gemessenen Leitwerte G beim Öffnen bzw. Schließen auf, so ergibt sich ein weitgehend strukturloser Verlauf. Daher wurde versucht, die charakteristischen Eigenschaften der Elemente anhand von Leitwerthistogrammen $P(\Delta G)$ der Höhe des untersten Leitwertplateaus ΔG zu analysieren. Bei allen Elementen traten Unterschiede zwischen den Messungen beim Öffnen und beim Schließen des Kontakts auf. Einerseits war das Maximum der Verteilung beim Schließen zu höheren Leitwerten verschoben. Ob dies auf Parallelkontakte zurückzuführen ist, die sich nahezu gleichzeitig schließen, konnte nicht nachgewiesen werden. Andererseits war die Verteilung beim Schließen nahezu doppelt so breit wie beim Öffnen des Kontakts. Dies lässt sich mit dem Prozess des "Kontakttrainings" erklären, bei dem dieser anfangs mehrmals geschaltet werden muss, bis sich eine stabile Konfiguration einstellt. Das führt zu der Verbreiterung beim Schließen, wogegen sich beim Öffnen meist am Ende ein einatomiger Kontakt ausbildet und die Anordung der Atome besser definiert ist als beim Schließen.

Als wichtigstes Resultat der Arbeit offenbarten die Leitwerthistogramme $P(\Delta G)$ charakteristische Unterschiede zwischen den Elementen. Das Maximum der Verteilung beim Öffnen lag für Yttrium bei etwa $1\,G_0$. Für Dysprosium ist ΔG_{max} mit $0{,}9\,G_0$ etwas kleiner. Für Gadolinium wurde sogar nur $\Delta G_{max} \approx 0{,}6\,G_0$ beobachtet. Dieses Resultat ist überraschend, da die Leitungselektronen durch die magnetischen Momente der Atomrümpfe nur wenig polarisiert werden. Dagegen war der Leitwert bei Cer überraschend groß im Vergleich zu Gd, Dy und Y. Das unterste Leitwertplateau lag im Mittel bei etwa doppelt so großen Leitwerten. Dieses ungewöhnliche Verhalten an Cer wird durch ein äußeres Magnetfeld von $1\,T$ kaum beeinflusst. Widerstandsmessungen zeigten, dass eine verschwindend geringe magnetische Ordnung in Cer vorherrscht.
Die Erklärung für die erhöhte Leitfähigkeit bei Cer ist in der Bandstruktur der Elemente zu suchen. Während bei Gd und Dy die $4f$-Orbitale stark lokalisiert und vom Leitungsband energetisch deutlich getrennt sind, ist die Energielücke bei Cer sehr gering. Dies liegt daran, dass Cer nur ein $4f$-Elektron besitzt, weswegen das Kernpotential nur wenig abgeschirmt wird. γ-Cer hat einen stabilen Zustand mit einer definierten Valenz. Beim Phasenübergang in die α-Phase ($T < 120\,K$) wird das $4f$-Niveau weiter delokalisiert, wodurch ein zwischenvalenter Zustand eintritt. Dies sorgt für einen vergrößerten Überlapp zwischen den Wellenfunktionen des $4f$-Orbitals und den Elektronen im Leitungsband ($5d$ und $6s$). Dadurch kann sich ein weiterer Transportkanal öffnen, wodurch die Zahl der möglichen Transportkanäle und damit der Leitwert im Kontakt beim niedrigsten Plateau erhöht wird.

Weitere Messungen bei Temperaturen oberhalb des strukturellen Phasenübergang (β- oder γ-Phase) könnten den Einfluss der temperaturabhängigen Struktur auf den elektronischen Transport von Cer verdeutlichen.

Literaturverzeichnis

[1] R. Landauer. *Spatial Variation of Currents and Fields due to Localized Scatterers in Metallic Conduction*. IBM Journal of Research and Development **1**, 223–231 (1957). doi:10.1147/rd.13.0223.

[2] N. W. Ashcroft and N. D. Mermin. *Solid state physics*. Saunders College, Fort Worth [u.a.], college ed. edition (1976). ISBN 0-03-083993-9; 0-03-049346-3.

[3] N. Agraït, A. L. Yeyati, and J. M. van Ruitenbeek. *Quantum properties of atomic-sized conductors*. Physics Reports **377**(2–3), 81–279 (2003). doi:10.1016/S0370-1573(02)00633-6.

[4] B. J. van Wees, L. P. Kouwenhoven, H. van Houten, C. W. J. Beenakker, J. E. Mooij, C. T. Foxon, and J. J. Harris. *Quantized conductance of magnetoelectric subbands in ballistic point contacts*. Phys. Rev. B **38**, 3625–3627 (1988). doi:10.1103/PhysRevB.38.3625.

[5] D. A. Wharam, T. J. Thornton, R. Newbury, M. Pepper, H. Ahmed, J. E. F. Frost, D. G. Hasko, D. C. Peacock, D. A. Ritchie, and G. A. C. Jones. *One-dimensional transport and the quantisation of the ballistic resistance*. Journal of Physics C: Solid State Physics **21**(8), L209 (1988).

[6] G. Binnig and H. Rohrer. *Scanning tunneling microscopy*. Helvetica Physica Acta **55**(6), 726–735 (1982). doi:10.5169/seals-115309.

[7] J. K. Gimzewski and R. Möller. *Transition from the tunneling regime to point contact studied using scanning tunneling microscopy*. Phys. Rev. B **36**, 1284–1287 (1987). doi:10.1103/PhysRevB.36.1284.

[8] N. Agraït, J. G. Rodrigo, and S. Vieira. *Conductance steps and quantization in atomic-size contacts*. Phys. Rev. B **47**, 12345–12348 (1993). doi:10.1103/PhysRevB.47.12345.

[9] J. I. Pascual, J. Méndez, J. Gómez-Herrero, A. M. Baró, N. García, and V. T. Binh. *Quantum contact in gold nanostructures by scanning tunneling microscopy*. Phys. Rev. Lett. **71**, 1852–1855 (1993). doi:10.1103/PhysRevLett.71.1852.

[10] J. M. Krans, C. J. Muller, I. K. Yanson, T. C. M. Govaert, R. Hesper, and J. M. van Ruitenbeek. *One-atom point contacts*. Phys. Rev. B **48**, 14721–14724 (1993). doi:10.1103/PhysRevB.48.14721.

[11] L. Olesen, E. Laegsgaard, I. Stensgaard, F. Besenbacher, J. Schiøtz, P. Stoltze, K. W. Jacobsen, and J. K. Nørskov. *Quantized conductance in an atom-sized point contact*. Phys. Rev. Lett. **72**, 2251–2254 (1994). doi:10.1103/PhysRevLett.72.2251.

[12] J. Moreland and J. W. Ekin. *Electron tunneling experiments using Nb-Sn break junctions*. Journal of Applied Physics **58**(10), 3888–3895 (1985).

[13] C. Muller, J. van Ruitenbeek, and L. de Jongh. *Experimental observation of the transition from weak link to tunnel junction*. Physica C: Superconductivity **191**(3–4), 485–504 (1992). doi:10.1016/0921-4534(92)90947-B.

[14] D. R. Strachan, D. E. Smith, D. E. Johnston, T.-H. Park, M. J. Therien, D. A. Bonnell, and A. T. Johnson. *Controlled fabrication of nanogaps in ambient environment for molecular electronics*. Applied Physics Letters **86**(4), 043109 (2005). doi:10.1063/1.1857095.

[15] H. Park, A. K. L. Lim, A. P. Alivisatos, J. Park, and P. L. McEuen. *Fabrication of metallic electrodes with nanometer separation by electromigration*. Applied Physics Letters **75**(2), 301–303 (1999). doi:10.1063/1.124354.

[16] H. Park, J. Park, A. K. L. Lim, E. H. Anderson, A. P. Alivisatos, and P. L. McEuen. *Nanomechanical oscillations in a single-C_{60} transistor*. Nature **407**(6800), 57–60 (2000). doi:10.1038/35024031.

[17] J. Park, A. N. Pasupathy, J. I. Goldsmith, C. Chang, Y. Yaish, J. R. Petta, M. Rinkoski, J. P. Sethna, H. D. Abruna, P. L. McEuen, and D. C. Ralph. *Coulomb blockade and the Kondo effect in single-atom transistors*. Nature **417**(6890), 722–725 (2002). doi:10.1038/nature00791.

[18] W. Liang, M. P. Shores, M. Bockrath, J. R. Long, and H. Park. *Kondo resonance in a single-molecule transistor*. Nature **417**(6890), 725–729 (2002). doi:10.1038/nature00790.

[19] M. Müller, R. Montbrun, M. Marz, V. Fritsch, C. Sürgers, and H. v. Löhneysen. *Switching the Conductance of Dy Nanocontacts by Magnetostriction*. Nano Letters **11**(2), 574–578 (2011). doi:10.1021/nl103574m.

[20] M. Müller, R. Montbrun, C. Sürgers, and H. v. Löhneysen. *Effect of cold working in a magnetic field on the shape of a ferromagnetic nanocontact*. Applied Physics Letters **100**(20), 202402 (2012). doi:10.1063/1.4718307.

[21] A. Platau and S. E. Karlsson. *Valence band of γ-cerium studied by ultraviolet and x-ray photoemission spectroscopy*. Phys. Rev. B **18**, 3820–3826 (1978). doi:10.1103/PhysRevB.18.3820.

[22] K. N. R. Taylor and M. I. Darby. *Physics of rare earth solids*. Chapman & Hall, London (1972). ISBN 0-412-10160-2.

[23] R. J. Elliott. *Magnetic properties of rare earth metals*. Plenum Press (1972). ISBN 306 30565 8.

[24] Y. Sharvin. *A possible method for studying Fermi surfaces*. Sov. Phys.-JETP **21**(21), 655–656 (1965).

[25] K. v. Klitzing, G. Dorda, and M. Pepper. *New Method for High-Accuracy Determination of the Fine-Structure Constant Based on Quantized Hall Resistance*. Phys. Rev. Lett. **45**, 494–497 (1980). doi:10.1103/PhysRevLett.45.494.

[26] E. Scheer, P. Joyez, D. Esteve, C. Urbina, and M. H. Devoret. *Conduction Channel Transmissions of Atomic-Size Aluminum Contacts*. Phys. Rev. Lett. **78**, 3535–3538 (1997). doi:10.1103/PhysRevLett.78.3535.

[27] J. Tersoff and D. R. Hamann. *Theory of the scanning tunneling microscope*. Phys. Rev. B **31**, 805–813 (1985). doi:10.1103/PhysRevB.31.805.

[28] J. Bardeen. *Tunnelling from a Many-Particle Point of View*. Phys. Rev. Lett. **6**, 57–59 (1961). doi:10.1103/PhysRevLett.6.57.

[29] J. M. van Ruitenbeek, A. Alvarez, I. Piñeyro, C. Grahmann, P. Joyez, M. H. Devoret, D. Esteve, and C. Urbina. *Adjustable nanofabricated atomic size contacts*. Review of Scientific Instruments **67**(1), 108–111 (1996). doi:10.1063/1.1146558.

[30] M. Müller, G.-X. Miao, and J. S. Moodera. *Exchange splitting and bias-dependent transport in EuO spin filter tunnel barriers*. EPL **88**(4), 47006 (2009). doi:10.1209/0295-5075.

[31] M. Müller. *Elektrischer Leitwert von magnetostriktiven Dy-Nanokontakten*. Experimental condensed matter physics ; 3. KIT Scientific Publishing, Karlsruhe (2011). ISBN 978-3-86644-726-4. Zugl.: Karlsruhe, KIT, Diss., 2011.

[32] D. R. Lide. *Handbook of Chemistry and Physics*. CRC Press, 76th edition (1995-1996).

[33] H. den Brom, A. Yanson, and J. van Ruitenbeek. *Characterization of individual conductance steps in metallic quantum point contacts*. Physica B: Condensed Matter **252**(1–2), 69–75 (1998). doi:10.1016/S0921-4526(97)00996-4.

[34] O. Y. Kolesnychenko, O. I. Shklyarevskii, and H. van Kempen. *Giant Influence of Adsorbed Helium on Field Emission Resonance Measurements*. Phys. Rev. Lett. **83**, 2242–2245 (1999). doi:10.1103/PhysRevLett.83.2242.

[35] D. E. Eastman. *Photoelectric Work Functions of Transition, Rare-Earth, and Noble Metals.* Phys. Rev. B **2**, 1–2 (1970). doi:10.1103/PhysRevB.2.1.

[36] W. D. Corner and B. K. Tanner. *The easy direction of magnetization in gadolinium.* J. Phys. C **9**, 627–633 (1976).

[37] S. Chikazumi. *Physics of ferromagnetism.* International series of monographs on physics ; 94. Oxford Univ. Press, Oxford, 2. ed., repr. edition (2005). ISBN 0-19-851776-9.

[38] H. E. Nigh, S. Legvold, and F. H. Spedding. *Magnetization and Electrical Resistivity of Gadolinium Single Crystals.* Phys. Rev. **132**, 1092–1097 (1963). doi:10.1103/PhysRev.132.1092.

[39] P. M. Hall, S. Legvold, and F. H. Spedding. *Electrical Resistivity of Dysprosium Single Crystals.* Phys. Rev. **117**, 971–973 (1960). doi: 10.1103/PhysRev.117.971.

[40] A. W. Lawson and T.-Y. Tang. *Concerning the High Pressure Allotropic Modification of Cerium.* Phys. Rev. **76**, 301–302 (1949).

[41] N. R. James, S. Legvold, and F. H. Spedding. *The Resistivity of Lanthanum, Cerium, Praseodymium, and Neodymium at Low Temperatures.* Phys. Rev. **88**, 1092–1098 (1952). doi:10.1103/PhysRev.88.1092.

[42] N. Lanatà, Y.-X. Yao, C.-Z. Wang, K.-M. Ho, J. Schmalian, K. Haule, and G. Kotliar. *$\gamma - \alpha$ Isostructural Transition in Cerium.* Phys. Rev. Lett. **111**, 196801 (2013). doi:10.1103/PhysRevLett.111.196801.

[43] A. I. Yanson, G. Rubio-Bollinger, H. E. van den Brom, N. Agraït, and J. M. van Ruitenbeek. *Formation and manipulation of a metallic wire of single gold atoms.* Nature **395**(6704), 783–785 (1998). doi:10.1038/27405.

[44] L. Olesen, E. Laegsgaard, I. Stensgaard, F. Besenbacher, J. Schiøtz, P. Stoltze, K. W. Jacobsen, and J. K. Nørskov. *Reply on comment on quantized conductance in an atom-sized point contact.* Phys. Rev. Lett. **74**, 2147–2147 (1995). doi:10.1103/PhysRevLett.74.2147.

[45] J. M. Krans, J. M. van Ruitenbeek, V. V. Fisun, I. K. Yanson, and L. J. de Jongh. *The signature of conductance quantization in metallic point contacts.* Nature **375**(6534), 767–769 (1995). doi:10.1038/375767a0.

[46] Z. Gai, Y. He, H. Yu, and W. S. Yang. *Observation of conductance quantization of ballistic metallic point contacts at room temperature.* Phys. Rev. B **53**, 1042–1045 (1996). doi:10.1103/PhysRevB.53.1042.

[47] E. Scheer, P. Konrad, C. Bacca, A. Mayer-Gindner, H. v. Löhneysen, M. Häfner, and J. C. Cuevas. *Correlation between transport properties and atomic configuration of atomic contacts of zinc by low-temperature measurements.* Phys. Rev. B **74**, 205430 (2006). doi:10.1103/PhysRevB.74.205430.

[48] J. A. Torres and J. J. Sáenz. *Conductance steps in point contacts: Quantization or cross-section jumps?* Physica B: Condensed Matter **218**, 234–237 (1996). doi:10.1016/0921-4526(95)00602-8.

[49] G. Cross, A. Schirmeisen, A. Stalder, P. Grütter, M. Tschudy, and U. Dürig. *Adhesion Interaction between Atomically Defined Tip and Sample.* Phys. Rev. Lett. **80**, 4685–4688 (1998). doi:10.1103/PhysRevLett.80.4685.

[50] A. Halbritter, S. Csonka, G. Mihály, E. Jurdik, O. Y. Kolesnychenko, O. I. Shklyarevskii, S. Speller, and H. van Kempen. *Transition from tunneling to direct contact in tungsten nanojunctions.* Phys. Rev. B **68**, 035417 (2003). doi:10.1103/PhysRevB.68.035417.

[51] L. Limot, J. Kröger, R. Berndt, A. Garcia-Lekue, and W. A. Hofer. *Atom Transfer and Single-Adatom Contacts.* Phys. Rev. Lett. **94**, 126102 (2005). doi:10.1103/PhysRevLett.94.126102.

[52] C. Untiedt, M. J. Caturla, M. R. Calvo, J. J. Palacios, R. C. Segers, and J. M. van Ruitenbeek. *Formation of a Metallic Contact: Jump to Contact Revisited.* Phys. Rev. Lett. **98**, 206801 (2007). doi:10.1103/PhysRevLett.98.206801.

[53] A. J. Leggett, S. Chakravarty, A. T. Dorsey, M. P. A. Fisher, A. Garg, and W. Zwerger. *Dynamics of the dissipative two-state system.* Rev. Mod. Phys. **59**, 1–85 (1987). doi:10.1103/RevModPhys.59.1.

[54] F. Pérez-Willard, C. Sürgers, H. V. Löhneysen, and P. Pfundstein. *Electronic transport properties of bismuth nanobridges through silicon-nitride membranes.* Physica E: Low-dimensional Systems and Nanostructures **22**(4), 872–880 (2004). doi:10.1016/j.physe.2003.10.010.

[55] F. Pauly, M. Dreher, J. K. Viljas, M. Häfner, J. C. Cuevas, and P. Nielaba. *Theoretical analysis of the conductance histograms and structural properties of Ag, Pt, and Ni nanocontacts.* Phys. Rev. B **74**, 235106 (2006). doi: 10.1103/PhysRevB.74.235106.

[56] E. Meyer, H. J. Hug, and R. Bennewitz. *Scanning probe microscopy : The Lab on a Tip.* Springer, Berlin (2004). ISBN 3-540-43180-2.

[57] D. Keller, C. Bustamante, and R. W. Keller. *Imaging of Single Uncoated DNA Molecules by Scanning Tunneling Microscopy.* Proceedings of the National Academy of Sciences of the United States of America **86**(14), pp. 5356–5360 (1989).

[58] H. Zhang, L. S. Hordon, S. W. J. Kuan, P. Maccagno, and R. F. W. Pease. *Exposure of ultrathin polymer resists with the scanning tunneling microscope.* Journal of Vacuum Science & Technology B **7**(6), 1717–1722 (1989). doi: 10.1116/1.584445.

[59] H. Sakaue, E. Takahashi, T. Tanaka, S. Shingubara, and T. Takahagi. *Scanning Tunneling Microscopy Observation on the Atomic Structures of Step Edges and Etch Pits on a NH_4F-Treated Si(111) Surface.* Japanese Journal of Applied Physics **36**(Part 1, No. 3B), 1420–1423 (1997). doi: 10.7567/JJAP.36.1420.

[60] B. Harrison and J. J. Boland. *Real-time STM study of inter-nanowire reactions: $GdSi_2$ nanowires on Si(100).* Surface Science **594**(1–3), 93–98 (2005). doi:10.1016/j.susc.2005.07.014.

[61] I. I. Mazin. *How to Define and Calculate the Degree of Spin Polarization in Ferromagnets.* Phys. Rev. Lett. **83**, 1427–1430 (1999). doi: 10.1103/PhysRevLett.83.1427.

[62] P. M. Tedrow and R. Meservey. *Spin-Dependent Tunneling into Ferromagnetic Nickel.* Phys. Rev. Lett. **26**, 192–195 (1971). doi: 10.1103/PhysRevLett.26.192.

[63] P. M. Tedrow and R. Meservey. *Spin Polarization of Electrons Tunneling from Films of Fe, Co, Ni, and Gd.* Phys. Rev. B **7**, 318–326 (1973). doi: 10.1103/PhysRevB.7.318.

[64] R. Meservey and P. Tedrow. *Spin-polarized electron tunneling.* Physics Reports **238**(4), 173–243 (1994). doi:10.1016/0370-1573(94)90105-8.

[65] J. S. Moodera, J. Nassar, and G. Mathon. *Spin-tunneling in ferromagnetic junctions.* Annual Review of Materials Science **29**(1), 381–432 (1999). doi: 10.1146/annurev.matsci.29.1.381.

[66] R. Meservey, D. Paraskevopoulos, and P. M. Tedrow. *Spin polarized tunneling in rare earth ferromagnets.* Journal of Applied Physics **49**(3), 1405–1406 (1978). doi:10.1063/1.325006.

[67] R. Meservey, D. Paraskevopoulos, and P. M. Tedrow. *Tunneling measurements of conduction-electron-spin polarization in heavy rare-earth metals.* Phys. Rev. B **22**, 1331–1337 (1980). doi:10.1103/PhysRevB.22.1331.

[68] R. Meservey, P. Tedrow, and J. Moodera. *Electron spin polarized tunneling study of ferromagnetic thin films.* Journal of Magnetism and Magnetic Materials **35**(1–3), 1–6 (1983). doi:10.1016/0304-8853(83)90439-0.

[69] G. Busch, M. Campagna, P. Cotti, and H. C. Siegmann. *Observation of Electron Polarization in Photoemission.* Phys. Rev. Lett. **22**, 597–600 (1969). doi:10.1103/PhysRevLett.22.597.

[70] G. Busch, M. Campagna, and H. C. Siegmann. *Spin-Polarized Photoelectrons from Fe, Co, and Ni.* Phys. Rev. B **4**, 746–750 (1971). doi: 10.1103/PhysRevB.4.746.

[71] N. B. Brookes, A. Clarke, and P. D. Johnson. *Electronic and magnetic structure of bcc nickel.* Phys. Rev. B **46**, 237–241 (1992). doi: 10.1103/PhysRevB.46.237.

[72] R. Meservey and P. Tedrow. *Spin polarization of tunneling electrons from films of Fe, Co, Ni, and Gd.* Solid State Communications **11**(2), 333–336 (1972). doi:10.1016/0038-1098(72)90244-X.

[73] F. Elhoussine, S. Mátéfi-Tempfli, A. Encinas, and L. Piraux. *Conductance quantization in magnetic nanowires electrodeposited in nanopores.* Applied Physics Letters **81**(9), 1681–1683 (2002). doi:10.1063/1.1503400.

[74] M. Shimizu, E. Saitoh, M. Hideki, and O. Yoshichika. *Conductance quantization in ferromagnetic Ni nano-constriction.* Journal of Magnetism and Magnetic Materials **239**(1-3), 243–245 (2002). doi:10.1016/S0304-8853(01)00544-3.

[75] D. M. Gillingham, I. Linington, and J. A. C. Bland. *e^2/h quantization of the conduction in Cu nanowires.* Journal of Physics: Condensed Matter **14**(29), L567 (2002).

[76] D. M. Gillingham, C. Müller, and J. A. C. Bland. *Spin-dependent quantum transport effects in Cu nanowires.* Journal of Physics: Condensed Matter **15**(19), L291 (2003).

[77] D. M. Gillingham, I. Linington, C. Müller, and J. A. C. Bland. *e^2/h quantization of the conduction in Cu nanowires.* Journal of Applied Physics **93**(10), 7388–7389 (2003). doi:10.1063/1.1544494.

[78] V. Rodrigues, J. Bettini, P. C. Silva, and D. Ugarte. *Evidence for Spontaneous Spin-Polarized Transport in Magnetic Nanowires.* Phys. Rev. Lett. **91**, 096801 (2003). doi:10.1103/PhysRevLett.91.096801.

[79] C. Untiedt, D. M. T. Dekker, D. Djukic, and J. M. van Ruitenbeek. *Absence of magnetically induced fractional quantization in atomic contacts.* Phys. Rev. B **69**, 081401 (2004). doi:10.1103/PhysRevB.69.081401.

[80] C. Sirvent, J. G. Rodrigo, S. Vieira, L. Jurczyszyn, N. Mingo, and F. Flores. *Conductance step for a single-atom contact in the scanning tunneling microscope: Noble and transition metals.* Phys. Rev. B **53**, 16086–16090 (1996). doi:10.1103/PhysRevB.53.16086.

[81] R. H. M. Smit, C. Untiedt, A. I. Yanson, and J. M. van Ruitenbeek. *Common Origin for Surface Reconstruction and the Formation of Chains of Metal Atoms.* Phys. Rev. Lett. **87**, 266102 (2001). doi: 10.1103/PhysRevLett.87.266102.

[82] S. K. Nielsen, Y. Noat, M. Brandbyge, R. H. M. Smit, K. Hansen, L. Y. Chen, A. I. Yanson, F. Besenbacher, and J. M. van Ruitenbeek. *Conductance of single-atom platinum contacts: Voltage dependence of the conductance histogram.* Phys. Rev. B **67**, 245411 (2003). doi:10.1103/PhysRevB.67.245411.

[83] E. Scheer, N. Agraït, J. C. Cuevas, A. L. Yeyati, B. Ludoph, A. Martin-Rodero, G. Rubio-Bollinger, J. van Ruitenbeek, and C. Urbina. *The signature of chemical valence in the electrical conduction through a single-atom contact.* Nature **394**(6689), 154–157 (1998). doi:10.1038/28112.

[84] B. Ludoph, N. van der Post, E. N. Bratus', E. V. Bezuglyi, V. S. Shumeiko, G. Wendin, and J. M. van Ruitenbeek. *Multiple Andreev reflection in single-atom niobium junctions.* Phys. Rev. B **61**, 8561–8569 (2000). doi:10.1103/PhysRevB.61.8561.

[85] S. R. Mishra, T. R. Cummins, G. D. Waddill, W. J. Gammon, G. van der Laan, K. W. Goodman, and J. G. Tobin. *Nature of Resonant Photoemission in Gd.* Phys. Rev. Lett. **81**, 1306–1309 (1998). doi:10.1103/PhysRevLett.81.1306.

[86] E. Arenholz, E. Navas, K. Starke, L. Baumgarten, and G. Kaindl. *Magnetic circular dichroism in core-level photoemission from Gd, Tb, and Dy in ferromagnetic materials.* Phys. Rev. B **51**, 8211–8220 (1995). doi:10.1103/PhysRevB.51.8211.

[87] E. Weschke, C. Laubschat, T. Simmons, M. Domke, O. Strebel, and G. Kaindl. *Surface and bulk electronic structure of Ce metal studied by high-resolution resonant photoemission.* Phys. Rev. B **44**, 8304–8307 (1991). doi:10.1103/PhysRevB.44.8304.

[88] K. F. J. Bass. *Landolt-Börnstein - Group III Condensed Matter: Electrical Resistivity, Kondo and Spin Fluctuation Systems, Spin Glasses and Thermopower, Volume 15A.* Springer (1982).

[89] D. Wohlleben and J. Röhler. *The valence of cerium in metals (invited).* Journal of Applied Physics **55**(6), 1904–1909 (1984). doi:10.1063/1.333516.

[90] J. Röhler, D. Wohlleben, J. Kappler, and G. Krill. *The valence of cerium under high pressure.* Physics Letters A **103**(4), 220–224 (1984). doi:10.1016/0375-9601(84)90257-3.

[91] J. Röhler. *LIII-absorption on valence fluctuating materials.* Journal of Magnetism and Magnetic Materials **47–48**(0), 175–180 (1985). doi:10.1016/0304-8853(85)90389-0.

[92] J. W. Allen and R. M. Martin. *Kondo Volume Collapse and the $\gamma - \alpha$ Transition in Cerium.* Phys. Rev. Lett. **49**, 1106–1110 (1982). doi:10.1103/PhysRevLett.49.1106.

[93] M. Lavagna, C. Lacroix, and M. Cyrot. *Volume collapse in the Kondo lattice.* Physics Letters A **90**(4), 210–212 (1982). doi:10.1016/0375-9601(82)90689-2.

[94] R. Ramirez and L. M. Falicov. *Theory of the α-γ Phase Transition in Metallic Cerium.* Phys. Rev. B **3**, 2425–2430 (1971). doi:10.1103/PhysRevB.3.2425.

Danksagung

Das Zustandekommen dieser Arbeit hing von vielen Faktoren ab, besonders natürlich von den Personen, die mich im Rahmen der Doktorarbeit unterstützt haben, wofür ich sehr dankbar bin.

Zuallererst gilt mein Dank Herrn Prof. v. Löhneysen, dass Sie mir diese Arbeit ermöglicht und mich die ganze Zeit unterstützt haben, besonders als am Anfang nicht alles wie geplant verlief. In zahlreichen Besprechungen konnten Sie mir immer mit Ihren Tipps und Vorschlägen zur Seite stehen, und Ihre Interpretationen der Messdaten trugen wesentlich zum Gelingen dieser Arbeit bei.
Bei Prof. Weiß bedanke ich mich, dass Sie zugestimmt haben, das Korreferat dieser Arbeit zu übernehmen, und dass Sie mir mit Ihren Hinweisen und Anmerkungen im Rahmen meines Vortrags im Institutsseminar geholfen haben.

Vielmals bedanken möchte ich mich bei Christoph Sürgers: Ohne Deine Hilfe, sei es bei physikalischen Fragen oder bei technischen Dingen, wäre diese Arbeit nicht so gut verlaufen. Vielen Dank, dass mir Deine Tür stets offen stand, obwohl Du Dich immer auch um viele andere Dinge kümmern musstest.

Ein herzliches Danke geht auch an Richard Montbrun, Michael Marz und Prof. Gernot Goll für die Unterstützung sowohl während der Doktorarbeit als auch während der Diplomarbeit.

Weitere Unterstützung bekam ich von Wolfram Kittler bei den Messungen am VSM und am PPMS, von Marc Müller durch die Einweisung in den Messaufbau und von Gerda Fischer bei den SQUID-Messungen.
Die Tatsache, dass ich mich am Institut sehr wohl gefühlt habe, hing im Wesentlichen von meinen Bürokollegen Richard Montbrun, Michael Marz, Carmen Pérez León, Wolfram Kittler, Dirk Waibel und Michael Wolf ab, bei denen ich mich für die angenehme Atmosphäre bedanken will.

Auch von technischer Seite bekam ich immer Hilfe. Lars Behrens war immer zur Stelle, wenn ich mit meinem Rechner nicht mehr klar kam. Frau Hugle versorgte mich regelmäßig mit neuen Drähten, damit ich immer frische Proben auf Vorrat

hatte. Bei Hans-Willi Pensl bedanke ich mich für die unkomplizierte Versorgung mit flüssigem Helium und für die interessanten Gespräche. Ebenso gut war die Zusammenarbeit mit der feinmechanischen Werkstatt unter der Leitung von Herrn Meyer und Herrn Dehm und der elektronischen Werkstatt unter Leitung von Roland Jehle. Vielen Dank für die zuverlässige und schnelle Anfertigung diverser mechanischer und elektrischer Bauteile!
Bei Stefan Kühn möchte ich mich für die Aufnahme der Bilder am Elektronenmikroskop bedanken.
In vielerlei Hinsicht konnten mir Frau Schelske, Steffi Baatz und Frau Brosch weiterhelfen bzw. Auskunft geben, wofür ich mich herzlich bedanken möchte.
Außerdem geht mein Dank an alle weiteren Mitglieder des Instituts, die mich in irgendeiner Form unterstützt haben.

Bekanntlich ist die Voraussetzung für eine Doktorarbeit ein erfolgreiches Studium, und dieses wäre ohne die Unterstützung meiner Eltern nicht möglich gewesen. Deswegen möchte ich mich auch dafür herzlich bedanken!

Experimental Condensed Matter Physics
(ISSN 2191-9925)

Herausgeber
Physikalisches Institut

Prof. Dr. Hilbert von Löhneysen
Prof. Dr. Alexey Ustinov
Prof. Dr. Georg Weiß
Prof. Dr. Wulf Wulfhekel

Die Bände sind unter www.ksp.kit.edu als PDF frei verfügbar
oder als Druckausgabe bestellbar.

Experimental Condensed Matter Physics
(ISSN 2191-9925)